清华电脑学堂

H5页面
设计与制作标准教程

全彩微课版 彭 超◎编著

清华大学出版社

北京

内 容 简 介

本书以H5为写作基础，以实际应用为指导思想，用通俗易懂的语言对H5页面设计与制作的相关知识进行详细介绍。H5页面设计的最大魅力在于通过巧妙的设计手法，将复杂的功能简化，将枯燥的信息趣味化，让用户在享受视觉盛宴的同时，轻松获取所需内容。

全书共7章，内容涵盖初识H5、H5视觉交互设计技巧、H5页面元素的设计与制作、H5页面动效与活动设计、用易企秀平台制作H5页面，每章内容穿插"动手练""案例实战"或"新手答疑"板块，以巩固所学知识。最后两章为综合性实操案例，即企业宣传和营销活动典型案例的设计与制作，案例讲解一步一图，即学即用。同时，还专门安排了H5页面营销模式与引流方法等知识内容，以真正做到"授人以渔"。

本书结构合理，所选案例贴合实际需求，实操性强，易教易学，适合H5页面设计者、新媒体页面设计与运营人员阅读使用，也适合高等院校相关专业的师生学习使用，还适合作为社会培训机构的培训用书。

图书在版编目（CIP）数据

H5页面设计与制作标准教程：全彩微课版 / 彭超编著. —北京：清华大学出版社，2024.4
（清华电脑学堂）
ISBN 978-7-302-65588-6

Ⅰ.①H… Ⅱ.①彭… Ⅲ.①超文本标记语言－程序设计－教材 Ⅳ.①TP312.8

中国国家版本馆CIP数据核字（2024）第045854号

责任编辑： 袁金敏
封面设计： 阿南若
责任校对： 徐俊伟
责任印制： 杨 艳

出版发行： 清华大学出版社
　　　　　网　　　址： https://www.tup.com.cn，https://www.wqxuetang.com
　　　　　地　　　址： 北京清华大学学研大厦A座　　　　　**邮　　编：** 100084
　　　　　社 总 机： 010-83470000　　　　　**邮　　购：** 010-62786544
　　　　　投稿与读者服务： 010-62776969，c-service@tup.tsinghua.edu.cn
　　　　　质 量 反 馈： 010-62772015，zhiliang@tup.tsinghua.edu.cn
　　　　　课 件 下 载： https://www.tup.com.cn，010-83470236
印 装 者： 涿州汇美亿浓印刷有限公司
经　　销： 全国新华书店
开　　本： 185mm×260mm　　**印　　张：** 13　　　**字　　数：** 328千字
版　　次： 2024年4月第1版　　　　　　　　**印　　次：** 2024年4月第1次印刷
定　　价： 69.80元

产品编号：104181-01

前 言

首先，感谢您选择并阅读本书。

在这个数字化飞速发展的时代，H5页面设计不仅仅是技术的展示，更是创意与美学的完美结合。一个好的H5页面，能够吸引用户的目光，让信息传递变得生动高效。设计不仅要有美感，更要有智慧，让每一个细节都精准地服务于营销目的，打造独特的用户体验。"触手可及，美感与智慧的碰撞"理念，简洁而深刻地表达了H5页面设计的核心价值。

H5作为现代数字化生活的一部分，正日益成为人们生活、工作和娱乐中重要的组成部分。这项技术贯穿于各行各业，通过其灵活性、互动性和可视化的特点，架起了企业与用户之间沟通的桥梁。无论是推广产品、提升教育体验、丰富文化娱乐内容，还是优化服务流程，H5都扮演着不可或缺的角色，它让信息传播变得更加高效，交互体验更加丰富，为数字化时代的发展注入了无限活力。

本书以理论与实际应用相结合的方式，从易教、易学的角度出发，详细介绍H5页面设计与制作的基础理论及相关软件的操作技能，同时也为读者提供一些页面设计的方法和思路，让读者能够快速了解H5技术，并掌握基本的制作技能。

▌本书特色

- 结构合理，全程图解。本书采用全程图解的方式，让读者能够直观地看到每一步的具体操作。

- 理论+实操，实用性强。本书为疑难知识点配备相关的实操案例，使读者在学习过程中能够从实际出发，学以致用。

- 疑难解答，学习无忧。本书每章最后安排"新手答疑"板块，主要针对实际工作中一些常见的疑难问题进行解答，让读者能够及时地处理好学习或工作中遇到的问题。同时还可举一反三地解决其他类似的问题。

▌内容概述

全书共分7章，各章内容见表1。

表1

章序	内容导读	难度指数
第1章	主要介绍H5入门的知识，包括H5的概念、类型、使用优势、H5页面风格、H5的使用工具及制作流程和注意事项	★☆☆
第2章	主要介绍H5视觉交互设计技巧，包括H5页面版式设计技巧、页面配色技巧、页面交互设计等	★★☆
第3章	主要介绍H5页面元素的设计与制作，包括H5页面尺寸设置、文字设置、图片设置、音频设置等	★★☆

章序	内容导读	难度指数
第4章	主要介绍H5页面动效与营销活动页面设计，包括动效设置、创意动效设置，以及H5营销活动设计等	★★★
第5章	主要介绍易企秀平台的应用技能，包括易企秀平台的相关功能、易企秀的基本操作、易企秀常用组件，以及AI在H5页面中的应用等	★★☆
第6章	综合案例——制作企业宣传类H5页面案例，包括开业宣传和课程宣传页面的设计	★★★
第7章	综合案例——制作营销活动类H5页面案例，包括企业培训调查问卷、手抄报网络投票活动、中秋有奖答题活动等	★★★

适用群体

- H5页面设计爱好者。
- 新媒体广告美工等人员。
- 对H5营销感兴趣的用户。
- 传统纸媒体设计人员。
- 高等院校相关专业师生。
- 社会新媒体培训班学员。

本书的配套素材和教学课件可扫描下面的二维码获取，如果在下载过程中遇到问题，请联系袁老师，邮箱：yuanjm@tup.tsinghua.edu.cn。书中重要的知识点和关键操作均配备高清视频，读者可扫描书中二维码边看边学。

作者在写作过程中虽力求严谨细致，但由于时间与精力有限，书中疏漏之处在所难免。如果读者在阅读过程中有任何疑问，请扫描下面的技术支持二维码，联系相关技术人员解决。教师在教学过程中有任何疑问，请扫描下面的教学支持二维码，联系相关技术人员解决。

配套素材　　　　教学课件　　　　技术支持　　　　教学支持

目 录

第1章

初识H5

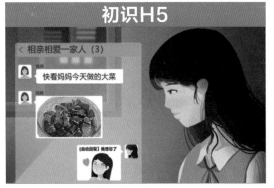

第2章

H5视觉交互设计技巧

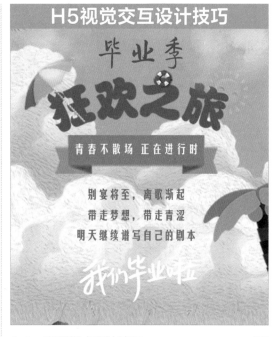

第3章

H5页面元素的设计与制作

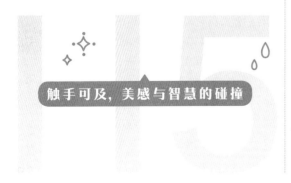

第4章

H5页面动效与活动设计

第5章

用易企秀平台制作H5页面

第7章

营销活动页面的设计与制作

第6章

企业宣传页面的设计与制作

附 录

H5页面营销模式与引流方法

触手可及，
美感与智慧的碰撞

H5

第1章

初识H5

随着移动互联网技术的迅速发展，H5的开发设计已成为不少商家或企业进行营销推广的重要手段之一。那么，H5到底是什么？它与其他营销方式有什么不同？优势在哪里？这一系列问题，本章将给出相应的答案。

1.1 H5是什么

H5来自HTML 5，HTML 5（Hyper Text Markup Language 5）即超文本标记语言，是当前网络中应用最为广泛的语言，也是构成网页文档的主要语言。本节将对H5的概念、风格特点、使用优势等内容进行简单介绍。

■1.1.1 概念

H5有广义和狭义两种。从广义上说，H5指的是HTML 5，是网页使用的HTML代码的第五代超文本标记语言。在HTML 5之前，网页主要是用PC端进行访问。随着移动互联网技术的兴起，网页访问由原来的PC端逐渐转移到移动设备上。由于计算机屏幕和手机屏幕的分辨率完全不同，要想在手机端显示完整的网页内容，会很不方便。上网方式的改变，也推动了移动端网页技术的更新，HTML 5这种网页形式也就应运而生了。所以HTML 5最主要的特性就是增强了对移动设备的支持，用它可以开发出更符合移动端操作的界面，图1-1是京东商城PC端与手机端的界面效果。

图 1-1

从狭义上说，H5就是互动形式的超媒体广告。如果说多媒体的代表是PPT，那么超媒体的代表就是H5。超媒体是超级媒体的缩写，它不仅具有多媒体的全部特质，还具有"非线性"的特质，能够整合各种资源并深化内容，让内容展现得更丰富。H5在多媒体的基础上增强了用户的视听体验和交互体验，带入感强烈，图1-2所示是2022年杭州亚运会推出的H5作品《我是"李白"，我为杭州亚运会点赞》。该作品以古今体育项目作对比，让知名诗人带领大众了解我国体育之美。整个页面以微信群聊、朋友圈集赞的场景来展现本次亚运会的相关赛事，有很强的代入感。

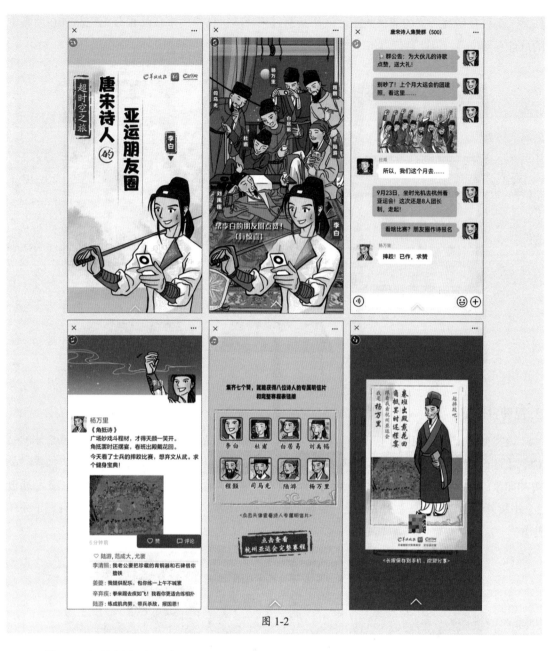

图 1-2

　　此外，H5的传播方式很广，它可用各种社交平台、小程序、公众号等媒介作为载体进行传播分享。与传统靠互联网广告投送的传播方式相比，H5不仅方便快捷，且经济实用。

1.1.2　类型

　　H5大致可分为4种，分别为产品介绍型、品牌宣传型、活动营销型和总结报告型。商家在开发H5时，需针对不同的营销目的选择相应的制作类型。

1. 产品介绍型

　　该类型的H5主要聚焦于产品的功能介绍，运用人机交互技术展示产品细节和特性，抓住用户的痛点，吸引用户对产品的注意力，刺激用户产生购买欲望，图1-3所示是海尔集团开发的H5

作品《黑科技研究所》的部分截图。该作品通过用户随机选择的果蔬品种介绍该品种在冰箱中的最佳存储位置，以此宣传海尔冰箱各种性能和黑科技。

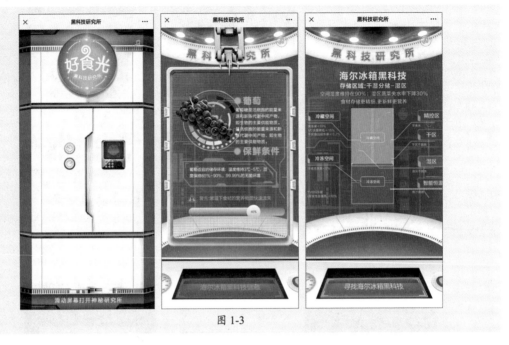

图 1-3

2. 品牌宣传型

该类型的H5页面相当于一个品牌的微官网，更倾向于品牌形象塑造。它大多会从整体的结构、主题设计上突出品牌形象，渲染品牌情怀，让用户在短时间内对品牌产生共识，加深对品牌的印象，图1-4所示是滴滴公司推出的H5作品《想见你，立刻出发》的部分截图。该作品通过3个小故事向用户传达只要心中有爱、距离不成问题的观念。宣传滴滴的企业文化，突显了品牌形象。

图 1-4

3. 活动营销型

活动营销型H5最常见。与其他类不同的是，活动营销型主要利用多种创意组件来烘托活动的氛围。例如游戏、抽奖、测试、贺卡等，将这些活动组件与热点话题完美融合，增强了用户的黏度，同时也促进了用户的分享与传播，图1-5所示为央视网和亿众互动联合推出的"'的地得'用法挑战赛"H5游戏作品截图。该作品利用闯关答题的形式，号召大众在网络流行语盛行的当下，不要忽视汉字的使用规范。

图 1-5

4. 总结报告型

目前各大企业的年终总结十分热衷于用H5技术实现，优秀的互动体验将原本普通乏味的总结报告变得生动有趣，并且内容和用户紧密相关。比较经典的当属支付宝年度账单的H5作品，图1-6所示是支付宝2021年账单作品部分截图。

图 1-6

1.1.3　优势

H5是一种基于HTML 5技术的跨平台开发方式，正因为它有着诸多优势和吸引力，使得许多商家选择用H5的方式进行宣传和营销。与传统营销方式相比，H5的优势体现在哪些方面呢？

1. 跨平台兼容性强

H5最主要的优势在于它有很强的兼容性，能够支持各种移动设备和浏览器，其中包括iOS、Android、Windows等。H5只需开发一次，即可在多个平台中使用，不需要单独为每个平台开发专门的应用程序，减少了重复工作和资源投入。

2. 降低企业成本

传统的宣传营销，例如电视广告、网络投放广告、活动海报宣传、活动展板设计、刊物宣传等，这些都需要投入大量的资金，且宣传的效果十分有限。而使用H5技术进行宣传，商家只需投入制作费和后台维护费即可，能帮助商家节省很多不必要的开支，降低了企业成本。

3. 降低用户使用成本

传统的营销方式基本上会让用户下载相应的App进行体验。而H5是不需要下载安装的，只需访问特定的网址即可使用。这样就会减少用户存储空间，并提供更快捷的访问体验。

4. 方便数据收集和分析

与传统营销方式相比，在数据收集方面，H5更胜一筹。它可以方便地集成各种数据分析工具和追踪代码，以便收集用户行为数据、用户偏好等信息。这些数据可以帮助企业进行精确的市场分析、用户画像构建和个性化推荐等。

5. 方便用户传播和分享

与传统的营销方式相比，H5更容易进行分享和传播。用户可以通过简单的网页链接就将应用分享给其他人，从而提高品牌曝光度和用户获取渠道。

此外，H5页面的更新迭代更加方便。当需要修改或者增加内容时，无须手动更新，只需在服务器端进行相关修改，即可实现全量用户的更新。这对于修复bug、添加新功能或推送内容非常有利。

1.2 常见的H5页面风格

H5页面风格大致可分为六种，分别为简约风格、科技风格、水墨风格、插画风格、手绘风格以及扁平风格。在具体制作时，需根据其内容来选择页面风格，以保持页面效果和谐统一。

1.2.1 简约风格

通过留白的方式对页面中的文字或图片进行排版，让页面整体看上去简约而不简单，给用户留下精致而高级的印象，如图1-7所示。

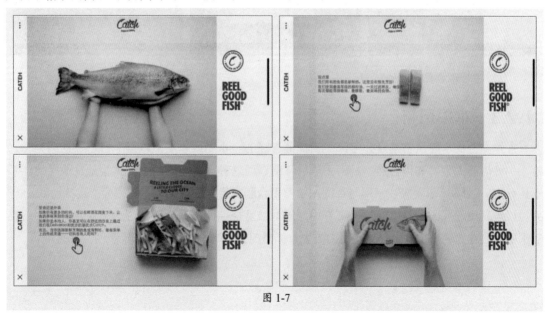

图 1-7

该H5作品通过交互视频介绍食品生产加工的过程。整套作品采用了简约风格，每张页面除了交互视频和一段产品文案外，没有其他多余的元素。画面干脆利落，内容阅读起来也毫无压力。

1.2.2 科技风格

酷炫的科技风格大多应用在电子设备、汽车、网络科技、未来探索等领域。主要以干脆利落的线条以及黑蓝色调为主，设计出具有科幻意境的场景。这种风格可以在第一时间吸引大众的眼球，图1-8所示是《三体》联合长安汽车推出的《面壁者招募计划》游戏闯关H5作品。该作品融入三体元素和长安汽车品牌元素，并利用电子闪屏以及各种直线、光晕进行点缀，让整个页面充满科技感。

图 1-8

1.2.3 水墨风格

古香古色的水墨风格是近几年深受设计师青睐的。水墨风基本上以黑、白、灰色调为主，给人一种清静无为、和谐自然、朴素无华的气韵，而这种独一无二的个性体验是其他文化体系不具有的，图1-9所示是央视新闻与百度AI学习平台联合推出的《AI画笔连接爱》趣味游戏H5作品。该作品用现代的AI技术还原《富春山居图》被焚烧掉的部分画面，游戏过程让人真切地感受水墨画独有的魅力，也体会到了高山流水、孤舟摇桨、鸟鸣山涧、林木广袤的美好意境。

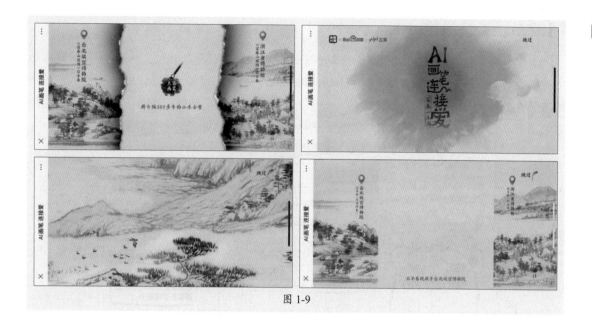

图 1-9

1.2.4 插画风格

插画是H5中最常用的一种风格,简约又直观,弱化了细节和透视,比较好识别,契合了年轻人对可爱和萌趣的审美要求,也是最容易出效果的一种手法。除了静态呈现方式以外,还能与动效或视频相结合,从而增强作品整体的灵动性和趣味性,图1-10所示是网易云音乐推出的《父亲的老相册——播客种草机》H5作品部分截图。该作品利用插画的形式展现了父亲对孩子那种深沉的爱,打动了不少观众,引进了流量。

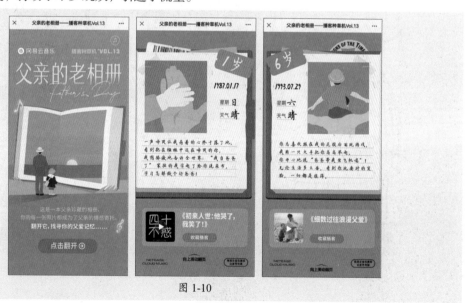

图 1-10

> **知识点拨**
>
> 插画风格分很多种,例如常见的肌理插画、立体插画、国潮插画、渐变插画、MBE插画等。每一种插画都有自己专属的风格特征。

1.2.5　手绘风格

手绘打破了某种刻意而为的束缚，以一种更自在随意的状态进行绘图，不经意地呈现浑然天成的意趣。一般是利用各类简单的线条来描绘场景，具有一定的亲和力，能够激起人们的情感共鸣，图1-11所示是知乎平台推出的《一个下单键的自白》产品推广H5作品。该作品利用纯手绘的形式生动地展示了一群选择困难症人的内心独白，画面代入感十分强烈。

图 1-11

1.2.6　扁平风格

扁平化风格以简单、干净、直观为特点，取消了过多的渐变和阴影，让画面更加简洁。扁平化页面可以很好地突出重点，以便用户快速理解相关信息内容，图1-12所示是掌阅App推出的《测一测，你是书里的谁？》测试类H5作品。该作品利用扁平画风勾勒出温馨书店场景，在浏览书店的过程中回答4个问题，然后通过选择的答案来匹配一个属于用户的专属角色。

图 1-12

常见的H5页面制作工具

　　H5页面制作通常由多个工具相互协作而成，没有专属的工具。下面对一些常用的制作工具进行介绍。

1.3.1　H5页面快速制作平台

　　这类制作工具指的是用户不需要有编程基础，无须编写代码，直接套用H5模板即可进行快速制作，比较适合新手使用。

1. 易企秀平台

　　与其他在线制作平台相比，易企秀平台使用率相对高一些。该平台主要面向企业用户，平台中提供的模板比较商务化，如图1-13所示。

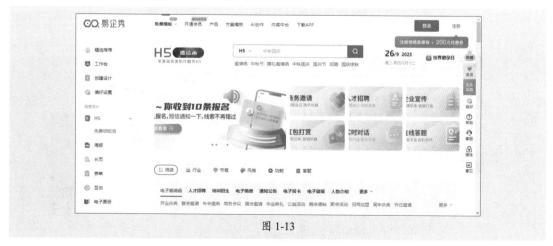

图 1-13

易企秀的一些特殊功能如下。

- **更换加载界面的Logo。**在易企秀中用户可将默认的加载页Logo替换为自己品牌的Logo，以加深用户印象，彰显品牌实力。

- **具有独立域名。**包括自定义场景链接、优化爬虫结果、占领搜索引擎高地。

- **去尾页标识。**易企秀平台可以去除尾页标识文字，增强内容的完整性。

- **具有场景审核服务。**易企秀平台具有双重审核机制，可以辅助用户规避平台内容限制相关的风险，并具有场景前置审核、审核关闭短信提醒、驳回加急审核等功能。

- **具有H5定制服务。**易企秀平台聚集了很多优秀的H5设计师，他们会根据企业需求进行专属定制服务。此外，如果你有能力，也可以申请加入设计师行列，以提升自身收入，如图1-14所示。

图 1-14

2. 人人秀平台

人人秀平台的基本功能与易企秀相似，但在互动功能上有所不同，它的拉新促活工具是微信端涨粉神器。在微信上发布的营销活动，人人秀基本上能找到对应的H5模板或互动工具。还能提供实时的数据监测和数据收集功能，在第一时间抓住流量的最新动向，如图1-15所示。

图 1-15

人人秀平台的主要功能如下。

（1）具有百种互动营销组件。人人秀的"互动"界面中提供了100多种活动组件，包含活动抽奖、微信红包、拼团秒杀、各类小游戏等，能够满足企业日常营销活动的需求，如图1-16所示。

图 1-16

（2）具有精准的数据统计系统。H5活动发布后，平台会实时监测并收集相关数据，例如访客停留的时间、访客人数、转发次数、用户画像分析等，如图1-17所示。

图 1-17

（3）海量模板定期更新。人人秀平台提供5000多种模板，用户可以根据平台中的导航栏或搜索栏快速寻找符合自己需求的模板。此外，这些模板每周都会更新，并且每天都有近1万人发布H5作品。

3. MAKA 平台

MAKA平台为H5在线设计平台。用户只需选择好模板，然后对模板内容进行更改，即可发布分享。与其他平台的区别在于，MAKA平台提供海量的视频模板，类型覆盖各行各业，可以满足用户多方位需求，如图1-18所示。

图 1-18

除了以上常用的制作平台外，还有其他的一些设计平台也可以制作H5，例如初页、搞定设计、兔展等，有兴趣的用户可以去尝试。

1.3.2 H5页面专业设计平台

对于没有制作基础的用户来说，使用以上平台可以快速上手制作H5。而对于有网页设计基础的用户，可以使用专业的H5制作平台来设计，例如iH5、意派Epub360等。这些平台功能全面，操作灵活度很高，可以更好地满足设计需求。

1. iH5 平台

iH5（VXPLO互动大师）是一套专业的H5设计平台，无须下载，用户可在线编辑网页交互内容，作品支持各种移动设备和主流浏览器，如图1-19所示。

图 1-19

iH5平台提供类别、场景和效果三个基本的导航功能。其中类别包含官方模板和商业模板；场景包含活动邀请函、企业招聘、电商活动、节日贺卡、品牌展示等类型；效果包含快闪、微信/电话场景模拟、VR全景等特效，如图1-20所示。

图 1-20

用户登录后，单击"创建作品"按钮即可进入iH5编辑器界面，如图1-21所示。编辑器界面右侧为"对象树"面板，该功能类似于Photoshop软件中的图层功能。在此可对页面中的素材元素进行选择、隐藏、锁定、删除等操作。在编辑器左侧的属性面板中可对当前选择的元素进行编辑，例如设置颜色属性、阴影属性等。在编辑器上方的工具面板中可设置各种活动模块的添加、数据库的导出、动画的添加、二维码的加载等。

图 1-21

对于刚接触H5的用户来说，iH5平台还提供相关的教学视频，方便用户学习，如图1-22所示。

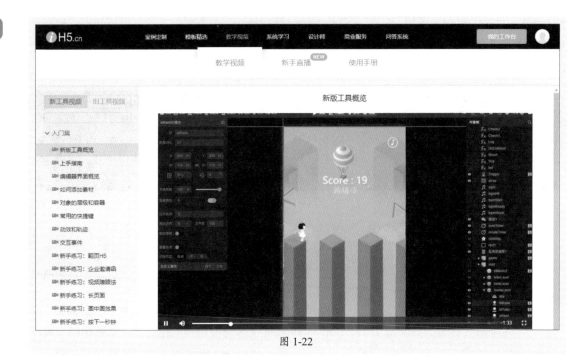

图 1-22

2. 意派 Epub360 平台

意派Epub360是一款专业的H5设计平台，与iH5相似，它是可以满足企业的人性化设计需求，如图1-23所示。

图 1-23

登录后单击"免费制作"按钮，即可进行H5的创建操作。该平台的编辑界面与易企秀、人人秀等平台类似，用户可以很方便地找到各种功能按钮进行制作，如图1-24所示。

与其他设计平台相比，意派Epub360的动画控制功能、交互设定功能、社交应用功能较为突出。

（1）动画控制。平台支持SVG变形动画和SVG路径动画，支持精细化序列帧动画控制，支持关联控制。

（2）交互设定。平台提供了10多种H5触发器控制，如碰撞检测、拖放交互、关联控制等。

（3）社交应用。平台提供微信JS-SDK接口的支持，能够快速获取用户信息，结合评论、投票、助力、信息列表等进行设计。

图 1-24

注意事项

作为一名优秀的H5设计师不仅要会用以上的工具，还要储备一定的代码编写基础知识，以便做出更成熟的H5页面。

1.3.3　H5页面辅助设计工具

想要设计出好的H5页面效果，除了会使用H5设计平台中的相关功能外，辅助工具也是必不可少的。例如，页面中图片元素的处理、视频音频元素的处理等。下面对这些常用的处理工具进行介绍。

1. Photoshop 软件

说起图像处理工具，自然就会想到功能强大的Photoshop软件了，如图1-25所示。它被广泛应用于各设计领域，当然也包括H5页面设计领域。利用Photoshop软件可以对H5页面版式进行设计，包括页面背景设计、图片效果设计、页面装饰设计等。

图 1-25

在用Photoshop软件进行设计时，需注意页面大小的设置。因为设计的H5页面最终要导入H5制作平台中，所以用户先要了解当前H5制作平台规定的画布尺寸，然后再根据该尺寸来设置Photoshop页面的大小。图1-26所示是易企秀平台导入PSD文件的要求。

2. Illustrator 软件

Illustrator是一款专业的矢量设计软件，主要用于插画设计、图标设计、文字设计等方面，这些图形在H5中也是经常用到的，如图1-27所示。当然，用户还可使用一些轻量化的矢量图设计工具，例如Pixso、Sketch等。这些小工具会自带很多矢量图形的模板，用户可在模板的基础上进行二次编辑，使其符合制作需求。

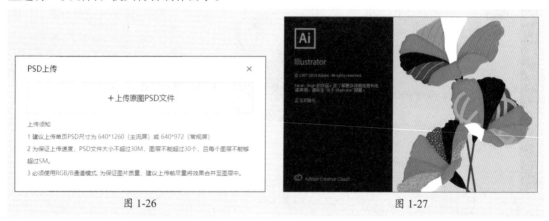

图 1-26　　　　　　　　　　　　　　　图 1-27

3. After Effects 软件

After Effects（简称AE）是一款专业的视频特效制作软件。利用AE可创建各种酷炫的视觉效果，让H5页面更加吸睛，如图1-28所示。

4. Audition 软件

Audition是一款功能强大的音频处理软件。可进行音频录制、音频编辑、声音去噪、音频转换等，让声音文件更好地融入H5内容中，如图1-29所示。除此之外，GoldWave、Audacity、Sound Forge等软件也可以很好地处理音频文件。

图 1-28　　　　　　　　　　　　　　　图 1-29

5. 其他辅助小工具

当导入的视频或音频文件不支持播放时，可以使用"格式工厂"软件进行格式转换处理。该工具不但能够转换文件格式，还能够对当前视频或音频文件进行压缩处理，以使其符合制作需求，如图1-30所示。

图 1-30

"格式工厂"软件可以对音视频文件进行转换压缩，但是对图片的压缩却无能为力。这时腾讯推出的一款"智图"工具就派上了用场。该工具可以轻松地将png、jpeg、gif等格式的图片进行压缩处理，压缩速度快、压缩率高，并支持WebP格式的生成，图1-31所示是智图官网界面。

图 1-31

1.4 H5页面的制作流程及注意事项

在对H5设计有所了解后，下面对H5页面的制作流程以及相关的注意事项进行讲解，以便为后续的学习做好铺垫。

1.4.1 页面的设计规范

用户在进行具体的制作前需掌握一些H5页面的设计规范，以便更好地展示所要表达的内容。

1. 内容简洁明了

H5页面内容要求简洁明了，避免整篇文字或图片，以增加识别度。尽量用简洁精练的短语来取代大段的文字内容表达，让用户一眼就能捕获到自己需要的信息。同时内容逻辑要清晰，要按照正常的逻辑关系进行讲述，做到"一页只说一件事"。

2. 页面要易于操作

H5页面设置要易于操作，可以让用户快速找到自己需要的功能和信息。按钮大小和链接的内容、颜色和位置需要考虑用户的习惯和操作方式，避免让用户感到困惑和不知所措。

3. 自适应不同设备

随着移动设备的多样化，H5页面制作需考虑不同设备的屏幕尺寸和分辨率，采用响应式设计，让页面能够自适应不同设备的屏幕大小，保证用户在任何设备上都能够顺畅浏览。

4. 页面要美观

页面整体要具有美观性，采用统一的色调、统一的字体、统一的版式，让人看起来舒适、有序。

5. 要符合企业形象

H5页面设计要与企业形象保持统一，采用企业的标志、颜色和字体等元素，让用户一眼就能够认出是哪个企业的H5页面。这不仅可以提高品牌的知名度和美誉度，还可以增加用户的信任感和忠诚度。

1.4.2 页面制作的基本流程

一份优秀的H5页面，需要经过"明确目标和需求→策划页面结构→页面制作→设计页面交互→测试和优化→发布和推广"6个流程。下面将对这些流程内容进行详细的讲解。

1. 明确目标和需求

在制作H5页面之前，首先需要明确本次设计的目标和需求。例如，是用于提高品牌知名度或推广产品，还是吸引用户注册等。同时，还需要了解目标受众的特点，如年龄、性别、职业等，明确目标和需求有助于制定更具有针对性的页面设计。

2. 策划页面结构

在明确了设计目标后，用户可以通过纸笔草图或使用设计工具绘制原型图（页面结构图）。原型图包含页面结构、功能交互、基本元素、用户流程和简要说明几部分内容，图1-32所示为简易的H5页面结构示意图。

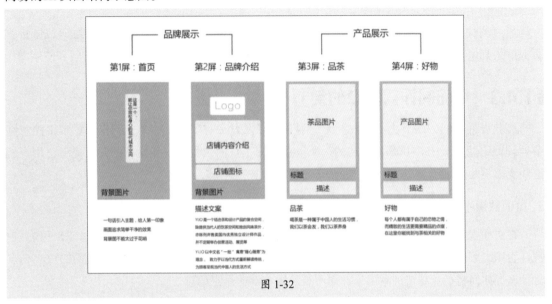

图 1-32

原型图的页面结构是展示H5页面的组成和布局，包括页面之间的关系和导航方式；功能交互是标明各页面的交互方式，例如，单击按钮后的反应是跳转链接还是弹出窗口等；基本元素是要绘制简单的页面元素，例如文本框、按钮、图片、视频等；用户流程是指要标注用户在H5活动中的预期流程，从进入活动到完成活动的整个过程；简要说明是指对一些关键的交互或特殊功能进行简要的文字说明。

知识点拨

H5原型图是H5活动设计过程中的重要产物，用于规划和定义H5活动的布局、交互流程和页面内容等。H5原型图不仅是设计师与开发者之间的桥梁，也是团队成员间沟通和协作的重要工具，在实际投入开发和设计前，H5原型图可以帮助团队成员之间建立共识，避免在后期出现大规模的修改和重做，从而节省时间和成本。

3. 页面制作

在与团队成员沟通好原型图后，接下来就可根据该原型图进行页面内容和版式的设计制作了。在制作过程中需要运用多个设计工具进行辅助设计，同时注意页面的版式和配色，保持页面的美观性和可读性。

4. 设计页面交互

在H5页面中通过添加交互效果和动画，可以增强页面的吸引力和用户体验。用户可以使用平台中自动的交互功能来制作，也可使用JavaScript或jQuery等库来实现更复杂的交互效果和动画。

5. 测试和优化

在完成H5页面制作后，需要对其进行测试和优化调整。可以在不同设备和浏览器上测试页面的兼容性和响应式设计。同时，也要测试页面的交互效果和动画是否正常运行。

6. 发布和推广

通过测试后，接下来就可以将该H5页面进行发布并推广了。用户可以通过二维码或链接将页面嵌入到电子商务网站、微信公众号、App等平台中，通过各种渠道引导用户访问和使用。

1.4.3 页面制作需注意的细节

经验告诉我们，细节决定成败。无论刚开始策划方案有多好，如果在制作过程中不注意细节处理，无疑这个H5项目是不成功的。所以在把握了页面视觉和交互设计的大前提下，用户还需注意以下几点细节。

1. 页面数量不宜过多

在页面视觉设计一般、交互性能一般的前提下，一定要控制好页面数量，尽量以5～10页为宜，否则会影响观众浏览兴致。因此，在策划阶段就要懂得取舍，并想清楚H5页面的核心亮点是什么，如何将亮点尽快展示出来，而不是设置一堆非重点信息。

2. 把控好页面内容显示

在测试阶段，一定要注意制作页面与手机屏幕的大小是否合适，页面中的内容是否能全部显示出来。H5页面会有主流屏和常规屏两种，尽量将关键内容放置在常规区域内，否则常规屏手机界面则无法正常显示，图1-33所示是常规屏和主流屏示意图。

在进行测试预览时，最好使用多个手机型号进行测试，以保证页面内容能够正常显示。

图 1-33

3. 注重分享标题

H5页面的分享标题是用户最先看到的信息，可直接影响H5页面的点开率。在进行发布设置时，最好设置该项目的分享封面和标题内容。标题一定要具有吸引力，用户可经常看一些爆款H5的标题，向它们取经，分析其优势，总结经验，并不断实践，从而提升自己的语言能力。

新手答疑

1. Q：对于新手用户来说，不会使用 Photoshop 和 After Effects 软件，怎么办？

　　A： Photoshop和After Effects两款软件确实是要有一定的基础才能够上手制作，那么没有基础的用户，可以使用一些轻量化的小工具。例如美图秀秀、搞定设计、剪映、爱剪辑等。这些小工具非常智能方便，很适合零基础的人员使用，图1-34所示为美图秀秀和剪映的界面。

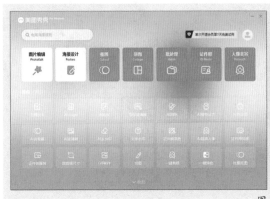

图 1-34

2. Q：常用的 H5 页面的开发工具有哪些？

　　A： H5页面的开发工具很多种，常用的有Dreamweaver、HBuilder、Sublime Text、Zeplin等，这些工具需要有一定的编程知识才行，图1-35所示是HBuilder官网界面。

图 1-35

3. Q：H5 页面常用的浏览器有哪些？

　　A： 适合H5页面的浏览器有很多种，常用的有QQ浏览器、Chrome浏览器、Safari浏览器。其中QQ浏览器能够为H5页面提供功能丰富的应用开发API接口、简洁的接入流程、完善的用户身份认证体系；Chrome浏览器是谷歌开发的一款开源浏览器，具有稳定性高、安全性高、流畅度高、兼容性强等特点；Safari浏览器是macOS操作系统中的浏览器，无论是在Mac、PC还是iPodtouch上都能运行，但该浏览器在制作H5页面时，会出现兼容性的问题。

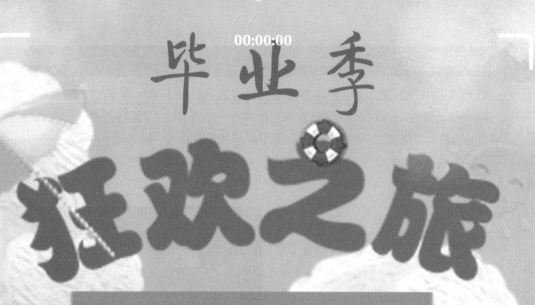

00:00:00

毕业季
狂欢之旅
青春不散场 正在进行时
别宴将至，离歌渐起

第2章

H5视觉交互设计技巧

制作的H5页面是否具有吸引力，除了文案策划是否出彩外，还有两个至关重要的因素，那就是页面视觉效果的展现和人机交互操作的设计。本章将对这两个重要因素进行详细介绍。

2.1 页面版式设计技巧

无论是制作平面广告、产品包装还是编辑报纸杂志，一个美观的版面设计是吸引观众眼球、提升阅读体验的关键所在。当然，H5页面的版式设计也不例外，它是页面视觉效果展现的一个关键点。

2.1.1 合理的视觉动线

视觉动线指的是人们浏览文章或画面时视线移动的轨迹。通常人们在浏览网页时习惯从左到右、从上到下进行浏览，这时F字型视觉动线就形成了，如图2-1所示。

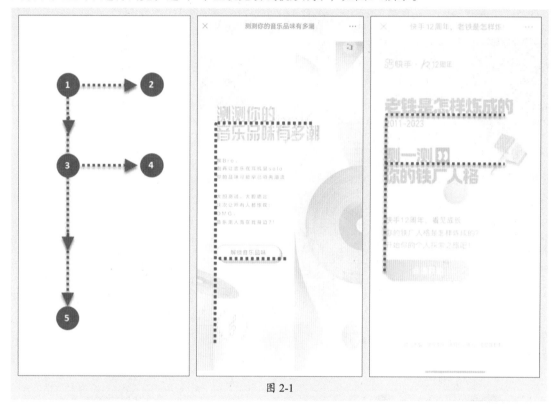

图 2-1

对于信息量比较大的页面，比较适合用F字型视觉动线来引导。基于人眼球的结构特性，在浏览页面时一次只能产生一个视觉焦点，所以大多数人在浏览页面时是跳动浏览。

视觉动线除了常见的F字型外，还有Z字型和直线型两种类型。

1. Z字型

Z字型是用户从左到右、从上到下以Z字型顺序进行扫视阅读。这种动线经常应用于图文穿插，且视觉层次较少的页面中。使用Z字型可以很好地突出主要内容，如图2-2所示。此外，还有一种比较特殊的Z字型动线，那就是Z字的重复排序。这种重复排序可称为之字型视觉动线，如图2-3所示。这类视觉动线具有鲜明的视觉分隔，用户的视觉路径从左到右重复进行。之字型动线比较适用于产品介绍或产品展示页面中。

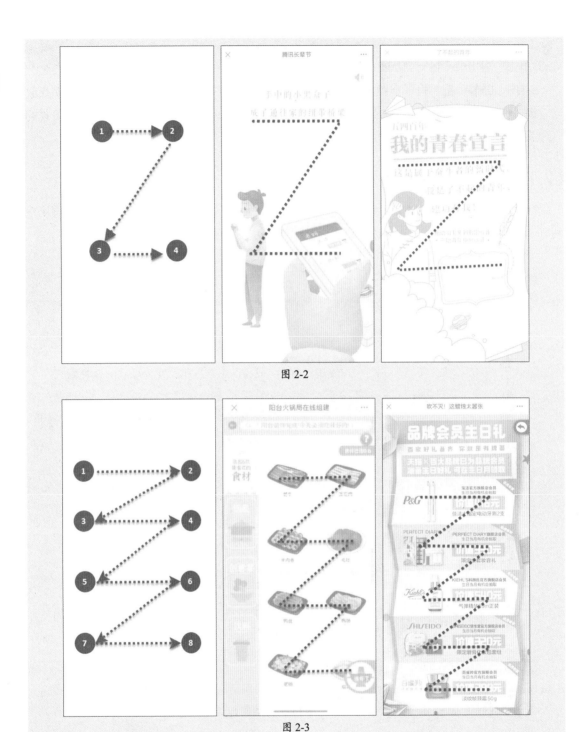

图 2-2

图 2-3

2. 直线型

直线型就是在一条视觉动线上依次展示内容信息，这条直线可以是水平线，也可以是垂直线，还可以是对角线。水平线型动线会给人以舒适、平稳、恬静的感觉，没有大量信息的叠加，阅读起来很轻松，如图2-4所示。垂直线型动线给人干净利索的感觉，适合用于文艺风格的页面，如图2-5所示。对角线型动线比水平型和垂直型有更强的视觉诉求力，多了一丝活跃，能让用户快速扫描页面整体，如图2-6所示。

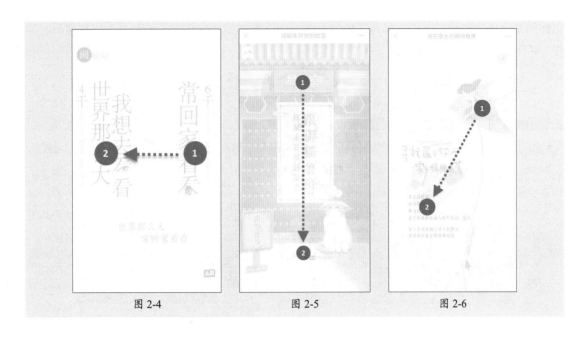

<table>
<tr><td>图 2-4</td><td>图 2-5</td><td>图 2-6</td></tr>
</table>

2.1.2 突出页面的主体

H5的页面较小，所容纳的信息量也很有限，所以进行页面排版时，尽可能地突出页面关键内容，让用户能够快速获取页面的有用信息。

1. 用"引导线"突出主体

"引导线"是指利用画面中的线条去引导观众的视线，将他们的视线最终汇聚到画面的焦点上。当然，这里的"引导线"可以是有形的线，也可以是无形的线，如图2-7所示。

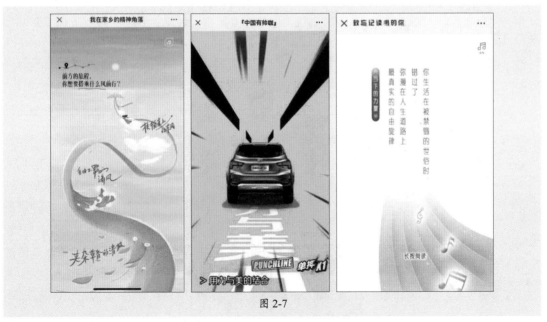

图 2-7

2. 用"框"突出主体

这里的"框"指的是利用各种形式的边框将画面主体框起来，从而吸引观众的视线，排除主体外其他视觉因素的干扰，起到了突出、强化主体的作用。这种形式在H5页面中很常见，如图2-8所示。

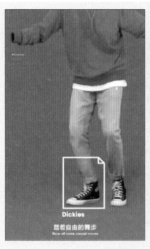

图 2-8

2.1.3　厘清页面的层次

一般来说，H5页面是由多张分页面组合而成的，所以理清各个分页面的层级关系很重要。用户在制作时需将主次信息逐一交代清楚，以给观众带来更好的秩序感。用户可以使用数字序号、分页主题、步骤编号、时间轴以及不同的色彩进行划分，图2-9所示是网易文创与一汽大众集团联合推出的《社交安全距离大作战》趣味测试类H5作品。

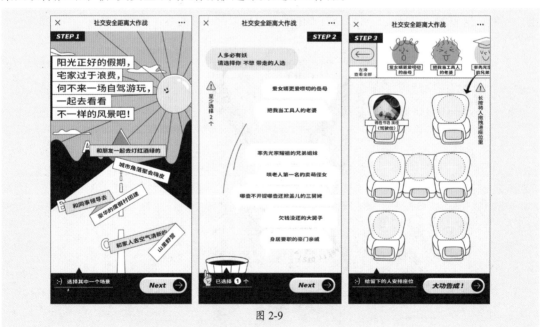

图 2-9

该作品的层级关系就是利用步骤1（STEP1）、步骤2（STEP2）、步骤3（STEP3）进行划分，并利用Next和"大功告成"两个按钮引导页面切换。整个操作过程井然有序，主次信息一目了然。

2.2 H5页面的色彩设计

页面色彩搭配的好坏，会直接影响页面整体效果。好的页面配色会提升H5页面的美观性，同时也能激发观众继续阅读的兴致。

2.2.1 色彩的基本常识

要想了解H5页面配色的相关知识，就必须掌握色彩的一些基本常识。例如，色彩的分类、色彩的三要素、色彩的感知等。

1. 色彩的分类

色彩可分为有彩色和无彩色两种。有彩色是指在可见光谱中的全部色彩，包含6种基本色：红、橙、黄、绿、蓝、紫，如图2-10所示。基本色之间不同量的混合、基本色与无彩

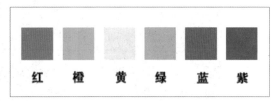

图 2-10

色之间不同量的混合所产生的千千万万种色彩都属于有彩色系，如图2-11所示。

图 2-11

无彩色很简单，就是指黑、白、灰三种颜色。在色度学上称无彩色系为黑白系列。黑白系列中由白到黑的变化，可以用一条水平轴表示。一端为白、一端为黑，中间有各种过渡的灰色，如图2-12所示。

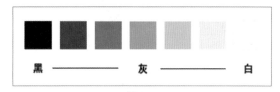

图 2-12

黑与白是时尚的永恒主题，强烈的对比和脱俗的气质，无论是极简还是花样百出，都能营造出十分引人注目的设计风格。极简的黑与白，还可以表现出新意层出的设计，图2-13所示为无彩色系H5应用范例。

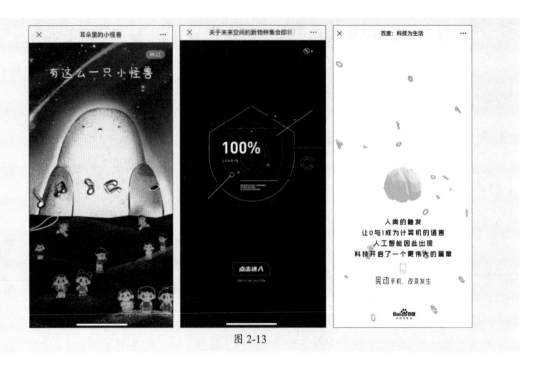

图 2-13

2. 色彩的三要素

任何色彩都具备三个基本属性，即色相、明度和纯度。在色彩学上也称为色彩三要素。

1）色相

色相是色彩的相貌，即色彩的名字。它是区分各种色彩的依据。基本的色相包括红、橙、黄、绿、蓝、紫6种，在此基础上分别加入一二种中间色，就会形成红橙、黄橙、黄绿、蓝绿、蓝紫、紫红6种色相，这就构成了12色相环，如图2-14所示。

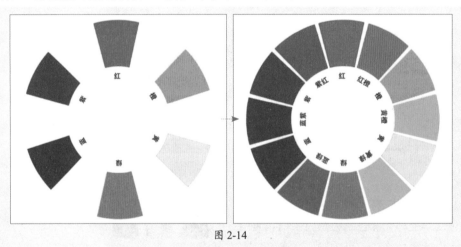

图 2-14

总体来说，12色相环是由三原色、三间色和六复色三类颜色构成。三原色为红、黄、蓝。三原色是色相环的母色，它们是不能通过其他颜色调和而成的基本色。在色相环中三原色两两之间的夹角为120°，如图2-15所示。

三间色又称二次色，即橙、绿、紫，它们是由三原色中任意两种调和而成的。如橙色是由等量红色和黄色调和而成；绿色是由等量黄色和蓝色调和而成；紫色是由等量红色和蓝色调和而成，如图2-16所示。

六复色又称三次色，即黄绿、黄橙、红橙、红紫、蓝紫和蓝绿。该颜色是色环相邻两种颜色调和而成，可以是两种间色进行调和，也可以是一种原色和其对应的间色进行调和。例如，黄绿是由等量黄色和绿色调和而成；黄橙是由等量黄色和橙色调和而成；红橙是由等量红色和橙色调和而成，如图2-17所示。

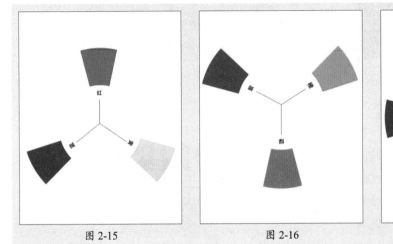

图2-15　　　　　　　　图2-16　　　　　　　　图2-17

注意事项

色相环中的颜色为标准色。而在实际调色时，由于各颜色的占比不同，调和后的颜色也随之产生变化。

2）明度

明度是将色彩按深浅或明暗程度进行划分，明度越高，色彩就越浓、越亮；明度越低，色彩就越深、越暗，图2-18所示是蓝色明度变化示意图。

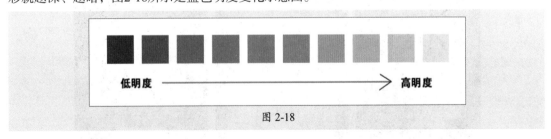

图2-18

在有彩色系中，明度越低就越接近于黑色；明度越高就越接近于白色。如果要给色相明度从高到低进行排序，其序列为黄→橙→绿→红→蓝→紫。图2-19所示是明度在H5页面中的应用范例。

在无彩色系中，明度最高的色彩是白色，明度最低的色彩是黑色。需注意的是，无彩色系只具备明度这一个要素。

图 2-19

3）纯度

纯度是指色彩的纯净程度，也可称为色彩的饱和度或鲜艳度。三原色的纯度最高，如果在三原色中掺入一些白色、黑色或灰色成分，那么掺入的成分越多，纯度就越低，色彩就越灰暗；掺入的成分越少，纯度就越高，色彩就越鲜艳，图2-20所示是三原色中的红色纯度变化示意图。

图 2-20

高纯度的色彩一般只用于画面的点睛之处，而不会大面积使用。因为高纯度色彩会刺激人眼，如果视线长时间停留在高纯度的画面中，眼睛会有疲劳感，会很不舒服。图2-21所示是纯度在H5页面中的应用范例。

图 2-21

3. 色彩的性格

每个人都有性格，色彩也有。根据人们对色彩的心理感受，可将色彩划分为冷色和暖色两种。例如，看到蓝色海水、绿色树荫会产生凉爽的感觉；看到橙色阳光、黄色果实、红色火焰会产生温暖的感觉。所以将接近于蓝色、绿色、紫色的颜色划分为冷色，如图2-22所示。而接近于红色、黄色、橙色的颜色划分为暖色，如图2-23所示。

图 2-22

图 2-23

色彩的冷暖是一个相对的概念，没有严格的界定。它与周边色彩有着强烈的关联。一般来说越接近黄色，颜色就越暖；越接近于蓝色，颜色就越冷。例如，红色与紫色相比，紫色就偏冷；而将紫色与蓝色相比，紫色就偏暖，如图2-24所示。相同色系中也存在冷暖之分，例如紫色系中，红紫偏暖，蓝紫则偏冷；绿色系中黄绿偏暖，蓝绿则偏冷，如图2-25所示。

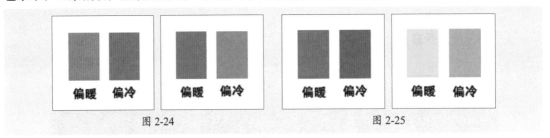

图 2-24　　　　　　　　　　　图 2-25

无彩色系中的黑、白、灰为中性色，它们既不属于冷色，也不属于暖色。与其他任何色彩搭配在一起，起到了调和、缓解作用。下面对一些常见颜色进行性格分析。

1）红色

由于红色容易引起注意，所以在各种媒体中被广泛利用。红色具有较佳的明视度，常被用来传达有活力、喜庆、热诚、温暖、前进等含义与精神。图2-26所示为凯迪拉克品牌推出的《一眼灯谜大会》游戏类H5作品截图，该作品以大红色为背景，利用福字、饺子、红包、烟花等新年元素烘托出过年喜庆的氛围。

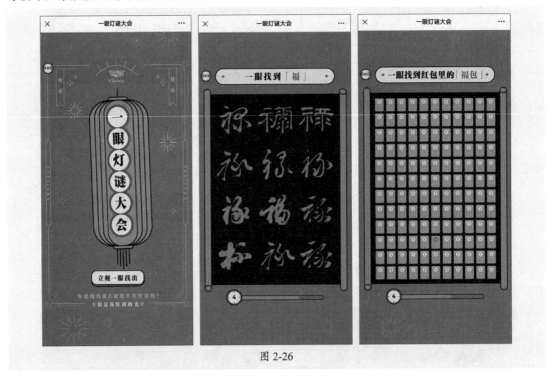

图 2-26

另外，红色也常用来作为警告、危险、禁止、防火等标识用色。在一些场合或物品上，人们看到红色标识时，常不必仔细看内容，便能了解警告危险之意。在工业安全用色中，红色即是警告、危险、禁止、防火的指定色。

2）橙色

橙色给人一种稳重、含蓄而又明快的暖色。橙色会让人联想到秋天、丰收的果实，让人感到富足、快乐和幸福感。橙色的明度较高，运用橙色时，要注意选择和其搭配的色彩和表现方式，搭配得当才能把橙色明亮活泼的特性发挥出来。图2-27所示的是酷我音乐App推出的《父亲节》答题类H5作品，该作品以橙色为主色调，营造出淡淡的温馨感，让人很温暖。

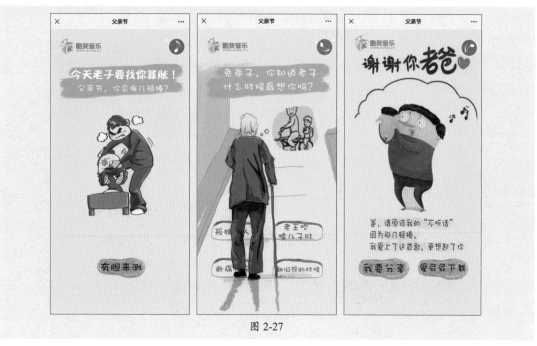

图 2-27

3）黄色

黄色是明度最高的色彩，在高明度下能够保持很强的纯度。黄色有着金色的光芒，象征着财富和权力，是骄傲的色彩。黄色有着很强的光明感，使人感到明亮、通透、愉快的感觉。在黄色中适当点缀其他颜色，能够产生醒目的效果。图2-28所示是乐事品牌推出的《乐事就酱工厂》游戏类H5作品，该作品以高纯度的黄色为主色调，并结合红色、绿色和蓝色进行点缀，使得整个页面非常醒目。

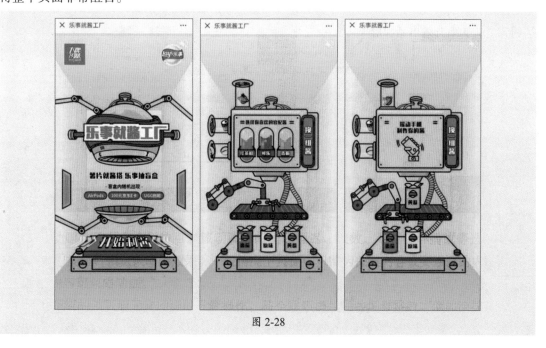

图 2-28

4）绿色

绿色给人安逸、和平、环保、新鲜、安全之感。在绿色中无论加入蓝色还是黄色，它仍然很美丽。黄绿色代表青涩、成长、希望；蓝绿色代表清秀、豁达。墨绿色代表宁静、平和，图2-29所示是湛江晚报与小时新闻联合推出的《杭州二十四节气》宣传类H5作品。

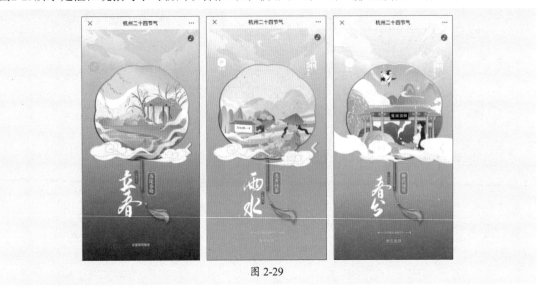

图 2-29

该作品利用中国式绿色，将杭州二十四节气景色以及人文环境展示得淋漓尽致，给人以温婉、清秀淡雅之感，同时也烘托出了杭州这座城市的文化气韵。

5）蓝色

蓝色是最冷的色彩，给人平静、沉着和理智之感。在设计中很多强调科技和效率的企业商家，大多会选用蓝色作为企业用色，图2-30所示是网易文创/哒哒与云南白药集团联合推出的《测一测你的独家守护方式》宣传类H5作品。该作品的蓝色给人平静放松感。一个人在海边瞭望的画面让人有着无尽的想象空间，随机连线的图案被扩展成治愈系画作，也给用户一种被呵护的感觉，从而营造出品牌形象。

图 2-30

6）紫色

紫色给人以神秘、雍容华贵之感。有时紫色也给人以压迫感，例如黑夜的颜色。紫色具有强烈的女性化性格，在商业设计中，除了和女性有关的商品或企业形象外，其他类的设计不常采用紫色为主色调。图2-31所示是招商信诺推出的《你是哪一个"美力"女神》测试类H5作品，该作品以紫色为基调，刻画出女性从出生到步入职场的过程，其颜色也由稚嫩的粉紫色逐渐转变为华丽的深紫色。

图 2-31

7）黑色

黑色具有高贵、稳重、科技的意象，是许多科技企业惯用的颜色。同时，黑色也具有庄严意象，常用在一些特殊的场合空间。黑色是一种永远流行的主要颜色，适合和许多色彩作搭配。图2-32所示是杭州群核信息公司推出的《关于未来空间的新物种集会即将启幕，等你来玩》活动宣传类H5作品，该作品以黑色为主色调，用高纯度的蓝色和白色进行点缀，使得整个页面简洁大方，科技感很强烈。

图 2-32

8）白色

白色是一种简洁、明朗的颜色，它是一款百搭色，通常需要和其他色彩搭配使用。纯白色会给人干练、利落的感觉，同时也会有寒冷、严峻的感觉。白色与暖色相搭，会显得十分简洁、时尚；与冷色相搭，则会有清爽、安逸感。图2-33所示是中青在线推出的《今天，请给他们一分钟》宣传类H5作品，该作品以纯白色为背景，极简的设计风格烘托出了清明节祭奠的氛围。

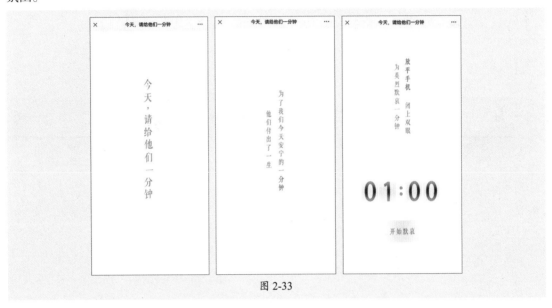

图 2-33

2.2.2　H5页面设计常用的配色技巧

H5页面设计与平面广告或海报设计有着异曲同工之处，在页面配色方法上可以相互借鉴。下面对页面配色的惯用技巧进行介绍。

1. 页面配色小公式

对于新手用户来说，可以借用以下几条安全配色小公式来进行快速配色。

1）无彩色+单色搭配

以无彩色（黑、白、灰）为主基调，利用任何一种单色进行搭配，可丰富画面的层次，画面主体会更加突出，如图2-34所示。

图 2-34

2）邻近色搭配

邻近色是指在色相环中任选一色彩，与其间隔60°～90°的都属于邻近色。例如红与橙、黄与绿、绿与蓝、蓝与紫等，如图2-35所示。邻近色在明度和纯度上可以构成较大的反差效果，又具有色彩冷暖对比和明暗对比，因此这种配色使画面呈现丰富、跳跃的感觉。

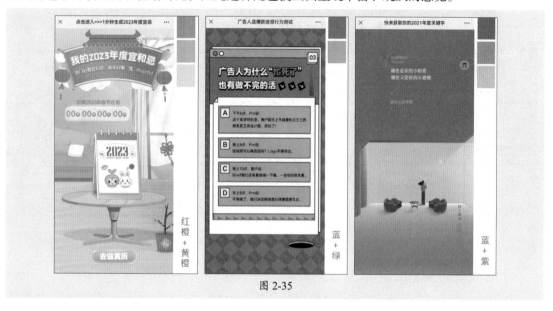

图 2-35

3）对比色搭配

对比色是指在色相环中夹角为120°左右的两种色彩。例如，红与黄、黄与蓝、蓝与红等，如图2-36所示。使用对比色进行搭配，能够产生强烈的视觉冲击力和对比效果，常用于凸显需要着重说明的主题信息，这也是H5页面常用的配色方式。

图 2-36

4）互补色搭配

互补色指的是在色相环中夹角为180°的两种色彩。例如，红与绿、蓝与橙、黄与紫等，如图2-37所示。互补色能体现出强烈的色彩对比和矛盾冲突。在实际应用时，最好选择其中一种色彩为页面主色调，其互补色可作为辅助色或点缀色使用。否则画面将产生强烈的分裂感，从而破坏画面整体美感。

图 2-37

5）企业Logo色彩搭配

企业Logo代表一个企业的形象，其造型配色都是设计师经过反复琢磨研究出来的。如果使用以上配色方案不太满意，那么不妨借鉴一下本企业Logo的颜色，或许能提供一些设计思路。图2-38所示是京东快递推出的《解忧快递站》宣传类H5作品，该作品利用了京东Logo的大红色进行配色，红色搭配蓝色，形成强烈的对比，页面很醒目，进一步加深了观众对京东物流品牌的印象。

图 2-38

知识点拨

除了以上介绍的配色方法外，用户还可以根据H5主题内容选择相应的颜色进行搭配。例如美食类主题可用橙色、黄色进行搭配；教育类主题可用蓝色为主基调，用绿色或橙色进行辅助配色；娱乐类主题一般使用高纯度、高明度的色彩进行搭配；医疗药物类主题可使用绿色或蓝色进行搭配。

H5页面设计与制作标准教程（全彩微课版）

2. 色彩平衡法则

众所周知，红花需要绿叶配，没有绿叶，就无法衬托出红花的美。由此可见，美是通过对比产生，色彩也不例外。画面中的色彩缺少对比，色彩的展现就容易失去平衡，从而无法满足观众的视觉平衡需求。所以掌握了一定的配色方法后，还需要了解页面中色彩平衡的相关法则，以便做出更完美的设计方案。

1）冷暖色平衡

画面中通过有意识的色彩点缀，可以带来非常鲜明的效果。例如，在大范围的冷色调中适当用暖色调突出主体物，以此来平衡画面的视觉感，这样的作品会更出彩。

2）深浅色平衡

深浅色平衡就是色彩之间明度的平衡。如果画面都是深色，那么画面会显得很沉闷；相反，画面都为浅色，就会使人感觉很轻浮，没有重点。所以深浅得当，才会给观众带来舒服的节奏感和空间感。

3）互补色平衡

互补色是两个相距180°的颜色，这两种颜色搭配容易出现不安定感和躁动感。为了避免出现这类问题，用户可使用以下三种方法来协调视觉上的平衡。

- 在互补色之间添加中间色，以起到衔接和融合作用。
- 降低其中一个互补色的饱和度，烘托另一个互补色。
- 减少互补色的面积对比。将其中一种互补色面积增大，另一种互补色减少，仅为画面的点缀或装饰。

2.2.3 实用的配色网站

好的画面配色可以让作品更惊艳、更吸引人。当然，做好配色并不是一件容易的事，就连资深设计师也需要不断实践和摸索。所以在设计时如果一时没有好的配色思路，不妨参考下面几个网站中的配色方案，或许能够提供帮助。

1. 中国色

中国色（http://zhongguose.com）是一个专门提供中国传统配色的网站。网站中每一种颜色都有它自己传统的名称。例如玉红、合欢红、牡丹粉红、云水蓝、青矾绿、云峰白等，图2-39所示是满江红的颜色。

在该网站中单击颜色名称，网站背景会随之变换成相应的颜色，同时页面会显示该颜色的色值。使用起来非常方便，对于喜欢传统风格的用户，该配色网可称得上是宝藏网站。

图 2-39

2. Colordrop

Colordrop（http://www.colordrop.io/）是一款在线配色网站。在网站的"Palettes（调色板）"界面中可以看到各种配色方案，将光标移至相应的方案颜色上，就会显示该颜色的色值，单击即可复制该色值，如图2-40所示。

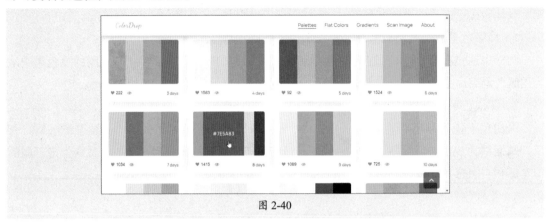

图 2-40

如果想要设置渐变色方案，可单击网站右上角的"Flat Colors（单色调）"按钮，即可跳转至渐变色界面。单击任意一种渐变色，即可复制该色值（十六进制色值），操作起来非常方便，如图2-41所示。

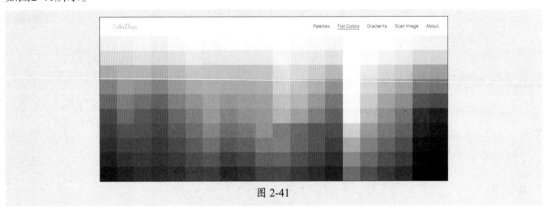

图 2-41

如果需要分析某张图片中的配色方案，只需单击"Scan Image（扫描图像）"按钮进入扫描界面，将所需的图片拖至扫描区域中，稍等片刻系统会自动对该图片中的颜色进行分析，并列举其中所有颜色的色值，如图2-42所示。

图 2-42

3. Adobe Color

Adobe Color（https://color.adobe.com）是一款网页应用程序，它是Adobe公司推出的免费在线配色工具。在网站的"建立"界面中，用户可选择配色的种类，包括类比色（邻近色）、单色、三元群（对比色）、辅色（互补色）等。例如选择"三元群"类型，然后在色盘中指定一个主色调，系统会自动匹配其他两个对比颜色，如图2-43所示。通过拖动色盘中的圆形手柄，可以调节该颜色的明度和饱和度。在色盘下方会显示相关颜色的色值。

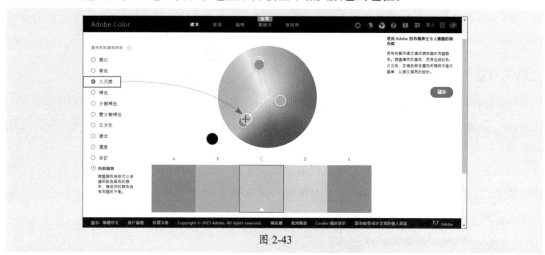

图 2-43

如果对选择的颜色没有把握，可在网站菜单栏中单击"探索"按钮，即可跳转到配色方案界面。单击配色后可查看到详细的配色值，如图2-44所示。

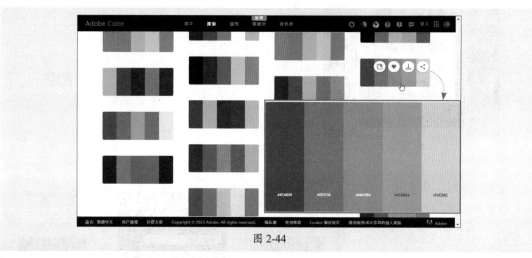

图 2-44

注意事项

Adobe Color网站目前支持的中文语言只限于繁体中文。

知识点拨

除了以上介绍的3个配色网站外，还有几个网站也不错，例如Paletton、LolColors、Color Hunt、Brand Colors等。这些网站的操作大致相同，用户可以根据自己的喜好来选择。

2.3 H5页面的交互设计

交互设计是H5营销策划的重点，在设计交互操作时，需以用户体验为设计的出发点，尽可能地细化所有交互流程，以便让用户的交互体验更加流畅。

2.3.1 页面交互类型

H5页面互动类型可大致分为三种：留言互动型、点击触发型和内容互动型。下面分别进行介绍。

1. 留言互动型

H5页面中的留言、弹幕功能可以实时地反馈用户的体验和感受，可以用来了解用户需求，以便进一步做好用户服务工作。这类互动功能的添加方法很简单，在各大H5制作平台中都可轻松实现。

以人人秀平台为例，打开人人秀编辑器界面，单击"预览和设置"按钮，进入预览发布界面，选择"显示设置"选项卡，在"页面设置"选项组中勾选"弹幕/点赞"选项，并在"弹幕点赞"界面中对其样式进行具体设置，如图2-45所示。

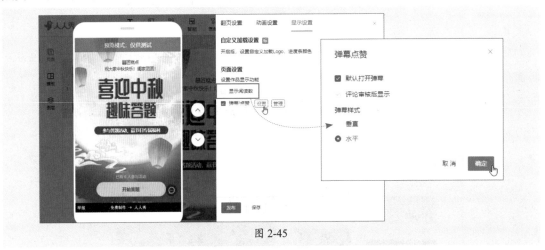

图 2-45

设置好之后，用手机扫码查看设置的结果。点击页面右下方的留言按钮，即可发送弹幕内容，如图2-46所示。

图 2-46

2. 点击触发型

点击触发是H5页面基本的交互功能，用户可将产品、店铺或活动链接设置为跳转链接，让观众可以快速找到相应的页面，实现H5引流。

以人人秀为例，进入H5编辑器界面，选中需要设置的元素，然后选择页面右侧的"点击"选项，单击"点击触发"下拉按钮，从中选择链接选项，例如选择"跳转外链"选项，并在下方输入链接的网址即可，如图2-47所示。

图 2-47

设置完成后，用户只需点击该文字即可跳转到相应的网页界面。

3. 内容互动型

内容互动型经常用于活动宣传类的H5页面。例如在页面中添加红包抽奖活动、拼团秒杀活动、砍价助力活动、游戏闯关活动等。在页面中加入营销活动可以提高用户的参与度，让用户在参与的过程中了解自己的企业文化。

同样以人人秀为例，进入H5编辑器界面，单击"互动"按钮，打开"互动"界面，选择所需的活动类型。例如选择"游戏"类型，然后选择游戏项目，系统会自动打开游戏设置界面，在此根据需要制定游戏的"基本设置""高级设置""样式设置""参与人设置"等，单击"确定"按钮即可，如图2-48所示。

图 2-48

设置好之后，可用手机扫码进行试玩，图2-49所示为游戏界面。

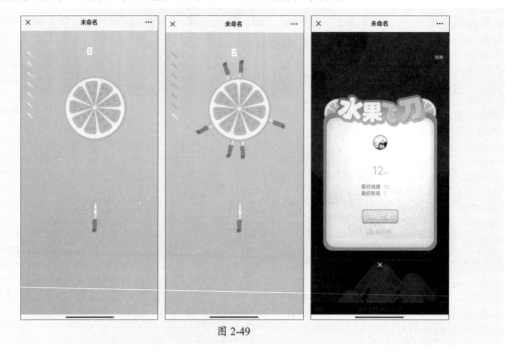

图 2-49

2.3.2　H5页面的交互设计原则

为了能够做出易于操作，且信息传达通畅的交互设计，用户在设计时需遵守以下几项原则。

1. 页面样式保持统一

页面中元素样式需保持统一，包括按钮大小、颜色、样式，字体大小，图标大小，间距大小等，以减少用户误操作的概率。

2. 减轻用户操作负荷

良好的交互设计是帮助用户以最简单的方式、在最短的时间内实现目标，创造良好的体验感。不要用次要因素或烦琐的操作来干扰用户的判断。操作越简单，用户体验感越好。

3. 符合用户的操作习惯

通常用户在浏览页面时，会根据自己的习惯进行交互操作。例如，查看产品详细信息时，会单击相关的"详情"按钮进行查看。如果单击按钮后无任何反应，或者跳转到产品购买页面，那么这样的交互设计无疑是不符合用户预期的。所以在进行设计时，要使用约定成俗的模式来匹配用户基本的操作习惯，帮助用户快速获取所需内容。

4. 让用户享有控制权

有时出于商业、营销层面的考虑，会帮助用户去做选择，也会导致用户做一些他不愿意或反感的事情，这些举动严重干扰了用户的操作进度和目标的完成。所以不要试图去控制用户，而是要让用户觉得他们有控制权。当用户感到舒适和可控，就会信任此产品，从而进一步深入了解、发掘产品的优势。

5. 实时给予信息反馈

信息反馈很重要。反馈能给予用户信息引导，帮助用户作出正确的选择和决策。设计者可以针对用户的操作，设置系统所要反馈的信息和反馈方式，例如通过页面颜色变化、声音提示、振动提示、对话框弹窗等方式告知用户，让他们了解自己正在进行哪一步操作。

案例实战：在宣传页面加入弹幕效果

弹幕可以给观众一种"实时互动"的体验感。在H5页面中添加弹幕，既不影响页面的视觉效果，又能营造活动火爆的氛围感。下面以易企秀平台为例，为Photoshop课程宣传页面中添加弹幕效果。

步骤01 打开易企秀官网，登录并进入Photoshop课程宣传编辑页面。选择封面页，单击页面上方的"组件"按钮，在打开的列表中选择"弹幕"选项，如图2-50所示。

图 2-50

步骤02 调整好弹幕按钮在页面中的位置。在"组件设置"面板中用户可对弹幕风格、弹幕位置、弹幕功能设置等选项进行设置，如图2-51所示。

步骤03 设置好之后，打开预览和发布界面，使用手机扫码即可查看弹幕发布效果，如图2-52所示。

图 2-51　　　　　　　　　图 2-52

1. Q: 色彩中的 RGB 模式和 CMYK 模式是什么?

A: RGB为标准色彩模式，在显示屏上的图像就是以RGB模式来显示的。它是基于自然界的红（R）+绿（G）+蓝（B）三原色混合而成的。每种色光等级为0~255，可以组成1670万种颜色。它的模式只有加色，即几种颜色混合得到另一种颜色。

CMYK指的是印刷色模式，主要用于印刷。它是由青（C）+品红（M）+黄（Y）+黑（K）四种颜色构成的。利用三原色混色原理，加上黑色油墨进行全彩印刷。其数值范围为1~100，当CMYK 都是0时为白色，都是100时为黑色，如图2-53所示。

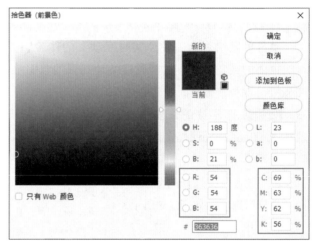

图 2-53

2. Q: H5 页面色彩搭配需遵循哪些原则?

A: 页面色彩搭配可按照以下3个原则进行：

①整体色调要和谐统一。在设计时应该先确定主色调，主色会占据页面中很大的面积，其他的辅助色应该以主色为基准进行搭配。这可以保证整体色调的协调统一，重点突出，使作品更加专业、美观。

②要有重点色。可以选取一种颜色作为整个界面的重点色，这个颜色可被运用到焦点图、按钮、图标，或者其他相对重要的元素，使其成为整个页面的焦点。重点色不应该用于主色和背景色等面积较大的色块，应用于强调界面中重要元素的小面积零散色块。

③注意色彩的平衡。配色的平衡一方面是指颜色的强弱、轻重和浓淡的关系。一般来说，同类色彩的搭配方案往往能够很好地实现平衡性和协调性，而高纯度的互补色或对比色容易带来过度强烈的视觉刺激，使人产生不适的感觉。另一方面为明度的平衡关系，高明度的颜色显得更明亮，可以强化空间感和活跃感；低明度的颜色则会更多地强化稳重低调的感觉。

3. Q: 页面中如何区别主色、辅助色和点缀色?

A: **主色**就是页面中最主要的颜色，它的占用面积最大。当某种颜色占到页面整体的70%时，就可作为主色。主色决定了页面的基调。

辅助色是用于烘托主色的颜色，它占到页面整体的25%。通常辅助色比主色略浅，合理应用辅助色可丰富内容，使其更具有吸引力。

点缀色其实就是最吸引眼球的地方。它占到页面整体的5%。合理使用点缀色可以使画面变得丰富，主次更加分明。

已有 6 人参与活动

开始答题

📊 排行榜　　✍ 答题记录

第3章
H5页面元素的设计与制作

————————————————————————

　　一般来说，H5页面是由文字、图片、音视频、动画等基本元素组成。其中，文字用于描述活动内容；图片用于对活动文字进行补充说明；音视频用于渲染气氛；动画则用于丰富页面内容，突出活动重点。本章将着重对文字、图片、音频元素的制作进行讲解，动画元素会在之后的章节中详细说明。

3.1 设置H5页面的尺寸

由于H5页面通常通过手机设备来展示相关网页内容，不同型号的手机其屏幕尺寸也不同。下面对市面上两款主流的手机屏幕尺寸进行简单介绍。

3.1.1 iOS设备的屏幕分辨率及尺寸

iOS系统是由苹果公司开发的移动操作系统，广泛应用于iPhone、iPod Touch、iPad以及Apple TV等产品。以iPhone手机为例，其屏幕尺寸通常为1125像素×2463像素、1242像素×2688像素、750像素×1334像素、1080像素×1920像素等。iPhone主流机型屏幕的分辨率及尺寸如表3-1所示。

表 3-1

手机型号	分辨率 / 像素	屏幕尺寸 / 英寸
iPhone SE	640 × 1136	4.0
iPhone 6/6s/7/8/SE2	750 × 1334	4.7
iPhone 6p/7p/8p	1242 × 2208	5.5
iPhone XP/11	828 × 1792	6.1
iPhone X/XS/11 Pro	1125 × 2436	5.8
iPhone XS Max/11 Pro Max	1242 × 2688	6.5
iPhone 12 mini/13 mini	1080 × 2340	5.4
iPhone 12/12 Pro/13/13 Pro/14	1170 × 2532	6.1
iPhone 14 Plus	1284 × 2778	6.7
iPhone 14 Pro/15 Pro/15	1179 × 2556	6.1
iPhone 14 Pro Max/15 Plus/15/15 Pro Max	1290 × 2796	6.7

3.1.2 Android设备的屏幕尺寸

Android系统是由Google公司基于Linux系统开发的一款移动操作系统。使用Android操作系统的手机品种比较多，其分辨率和屏幕尺寸也有较大的差异。下面以华为手机为例，其主流屏幕的分辨率及尺寸如表3-2所示。

表 3-2

手机机型	分辨率 / 像素	屏幕尺寸 / 英寸
HUAWEI P50	2700 × 1224	6.5
HUAWEI nova 10	2400 × 1080	6.67
HUAWEI P50 Pro	2700 × 1228	6.6
HUAWEI Mate 40	2376 × 1080	6.5
HUAWEI Mate 40 Pro	2772 × 1344	6.76
HUAWEI nova 9/nova 8	2340 × 1080	6.57
HUAWEI Mate 60 Pro	2720 × 1260	6.82
HUAWEI P60 Pro	2700 × 1220	6.67
HUAWEI nova 11 Ultra	2652 × 1200	6.78
HUAWEI nova 11	2412 × 1084	6.7

虽然不同型号尺寸不同，但一般的设计尺寸采用640像素×1136像素即可，实际尺寸采用720像素×1280像素或750像素×1334像素也可以实现，便于填充不同手机屏幕边缘区域，确保不会露白。页面内框区域一般为640像素×960像素，在这个区域内的内容可确保在所有手机屏幕上都能够显示完整。需注意的是，进行H5页面设计时尽量不要将重要按钮或内容放在太靠下的位置，避免出现显示不全的情况。

3.2 H5页面的文字设置

通过文字可以了解H5页面所要表达的内容，是H5页面不可缺少的元素。当然，在进行页面制作时，文字的设计也是有讲究的。下面介绍文字设计的一些技巧，以便用户参考使用。

3.2.1 字体

大多数设计者会选择系统默认的字体进行制作，虽说没有错，但总感觉页面缺少一点美感。这是因为没有选对字体导致的。其实每一种字体都有它的性格，例如黑体显得简单简洁大方，沉稳可信赖；而宋体显得清秀端庄，温文尔雅。

通常字体可分为无衬线体、有衬线体和特殊体三种类型。

1. 无衬线体

无衬线体笔画粗细统一，线条笔直，转角锐利，易于识别，图3-1所示是招商信诺推出的《工位代表我的薪》趣味测试类H5作品，该作品就是利用无衬线字体制作的。文字简单明了，观众一目了然，与科技蓝色进行配搭，商务气息很浓。

图 3-1

51

无衬线字体中黑体是最具有代表性的。免费可商用的黑体系列字体有思源黑体、得意黑体、江城律动黑、站酷酷黑体、庞门正道标题体、千图厚黑体等。

2. 有衬线体

有衬线体的笔画提笔、收笔都有笔锋（顿笔、回峰等）修饰的效果，笔画粗细不一。大多应用于书籍报刊的正文文字，它可使阅读视觉变得清晰、舒适，适合深阅读，图3-2所示是人民日报与网易文创联合推出的《猜猜这是什么字》问答类H5作品。该作品中的字体基本上都是有衬线体。如果将字体改用非衬线体，那么浓郁的汉字文化氛围就无法体现出来，整体就变味了。

图 3-2

宋体是有衬线体中最具有代表性的字体，常用于古风、小清新的画面中。免费可商用的宋体系列字体有：思源宋体、方正仿宋简体、杨任东竹石体、汇文明朝体、源云明体、新愚公和谐宋等。

3. 特殊体

特殊体指的是艺术字体、书法体、卡通体以及手写体。这类字体具有极强的创造性，常用于封面标题。

艺术字体一种特殊的创意字体，它通常会对文字的结构或笔画进行适当的变形，从而起到页面修饰效果。这类字体重在设计创意，常用于大标题文字，图3-3所示是CoCo郁可推出的《爱在七夕，江南传情》游戏类H5作品，该作品封面标题很明显是经过设计的艺术字体。该字体结合细腻的插画风格，营造出了情人节浪漫的氛围感。

书法体具有较强的古文化底蕴，字形自由多变、顿挫有力，极具浓厚的传统文化气息，图3-4所示是故宫博物院与多家媒体平台联合推出的《紫禁城建成六百年展》宣传类H5作品。该作品封面标题就是利用书法字体来呈现的，与其他古典元素相结合，古风味十足。

卡通字体有着柔和、圆润又多变的视觉感，给人轻松愉悦的感觉。这类轻松可爱的字体非常受欢迎，字形设计上软萌并具有趣味性，有种出其不意的效果。

手写字体是一种使用硬笔或软笔纯手工写出的字体，这类字体大小不一、形态各异，与宋体字搭配，更具有美观性，图3-5所示是快手推出的《我在家乡的精神角落》测试类H5作品，该作品用手写体结合有衬线字体进行呈现，再加上唯美的卡通插画，以及局部动画效果，让人真切地感受到家乡的美。

图 3-3

图 3-4

图 3-5

注意事项

在选择文字时一定要注意字体的版权问题。如果是商用，需购买相关的字体版权，或使用免费可商用的字体。

3.2.2 字号

H5页面通常是用手机进行浏览的，它不同于在计算机屏幕上显示，所以在字号的设置上也是有技巧的。

正常的标题字号一般20像素～30像素为宜，该字号作为标题会比较清晰。当然也有特例，例如封面大标题的文字，这类文字的字号就需要根据具体页面情况（页面空间、文字数量）进行量身制定，如图3-6所示。

正文文字一般14像素～20像素为宜，该字号在文字量较多的情况下比较适用，不会让人感觉到视觉疲劳，如图3-7所示。

图3-6   图3-7

3.2.3　字间距与行间距

字间距或行间距不合适也会影响页面的整体效果。字间距指的是文字之间的距离，字间距过紧或过松都不合适。页面整体的字间距要保持一致，时紧时松的字间距会造成严重的阅读障碍，图3-8所示是字间距设置的对比效果。

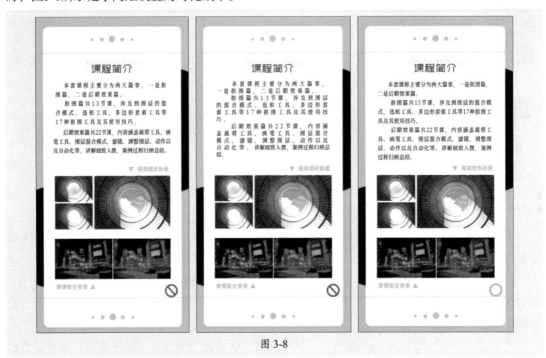

图3-8

行间距指的是两行文字之间的距离。行间距太大，会显得内容很散。行间距太小，会显得内容挤在一起，给人造成压迫感，不利阅读。一般来说行间距保持在1.5～2倍为宜，图3-9所示是行间距设置的对比效果。

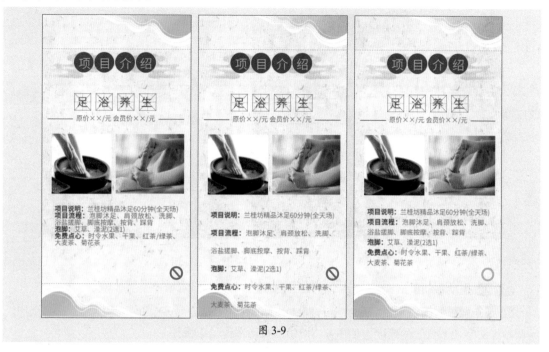

图 3-9

动手练 为产品图片添加文字标识

下面利用Photoshop软件为马克杯添加文字标识。

步骤 01 打开马克杯素材图片，使用横排文字工具，输入文字标识。在"字符"
面板中设置文字的格式，如图3-10所示。

步骤 02 右击文字图层，在弹出的快捷菜单中选择"栅格化文字"选项，将输入的文字标识
进行栅格化，如图3-11所示。

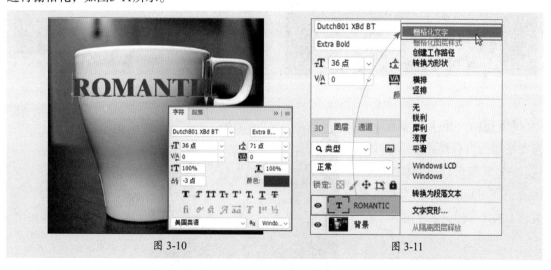

图 3-10　　　　　　　　　　　　　　　　　　图 3-11

步骤 03 选中文字图层，按Ctrl+T组合键，适当缩小文字，放置在马克杯的合适位置，如
图3-12所示。

步骤 04 在标题栏中选择"编辑"|"变换"|"变形"选项，并在属性栏的"变形"下拉列

表中选择"上弧"选项，如图3-13所示。

图 3-12

图 3-13

步骤 05 拖动移动手柄调整文字"上弧"的弧度，如图3-14所示。

步骤 06 调整后按回车键结束操作。重复以上的操作方法，将"变形"选择"下弧"选项，并调整好文字"下弧"的弧度，如图3-15所示。按回车键结束操作。

图 3-14

图 3-15

步骤 07 在"图层"面板中设置此图层的混合模式为"正片叠底"，将其颜色与马克杯颜色相融合，如图3-16所示。至此，马克杯上的文字标识创建完毕。

图 3-16

3.3 H5页面的图片设置

图片是H5页面中不可缺少的元素。只有文字，没有图片，观众阅读起来会很费力，所以在页面中适当添加一些图片，既能让内容直观，又能美化页面，增强阅读兴趣。

3.3.1 图片选择的三个原则

好图片可以提升页面的视觉效果。那么什么样的图片才算好呢？用户可按照以下三个原则选取。

1. 符合主题内容

图片选择最基本的原则就是图片内容要与主题相符。与主题内容相符的图片能够营造氛围，起到点睛的效果。相反，与主题无关的图片，往往会打断观众的思绪，破坏现场气氛。同时也会给观众留下不专业的印象，影响宣传力度。

一张页面中可能会插入多张图片，需注意的是，这些图片的风格也要保持统一。要么统一是手绘插画风格，要么统一是实景照片风格，否则会影响页面的美观程度。

2. 图片清晰度高

H5页面的传播途径虽然主要是手机，但不代表可忽略图片的清晰度。清晰度较高的图片看上去会让人赏心悦目。模糊不清的图片只会降低观众的阅读兴致，破坏整体效果。如果要用图片作为页面背景，那么其清晰度要求会更高，图3-17所示是模糊图片与高清图片的对比效果。

图 3-17

3. 优先选择体积小的图片

图片的清晰度越高，图片体积就越大。图片体积越大，页面加载时间就越长。一般来说图片加载时间超过5秒就会流失掉大部分用户。所以在保证图片清晰度的情况下，尽量选择体积小的图片。

3.3.2 图片的获取途径

大多数人获取图片的方法是直接通过百度网站进行搜图。其实，百度网站中的图片质量参差不齐，要想找到符合要求的图片素材有一些难度。那如何能够快速获取想要的素材呢？下面介绍一些较好的获取途径。

1. 通过专业网站获取

优点： 很多专业设计网站会提供网友分享的各种图片素材，例如花瓣网、站酷网、摄图网、大作网等。这些图片网站提供的图片质量都比较高，图片的风格、类型也很丰富。用户可以通过搜索获取符合要求的图片，可选择的余地很大，图3-18所示是站酷网的图片界面。

缺点： 无法获取完全符合要求的图片，而且这些图片素材不可直接商用，都是有版权的。

图 3-18

知识点拨

pixabay网站是支持中文搜索的无版权可商用图片库。这里的图片素材大多是摄影爱好者免费分享的，用户可以放心使用，如图3-19所示。

图 3-19

2. 手机拍照获取

优点： 利用手机拍照可以获取完全符合要求的图片素材，有很强的灵活性，随时随地都可以获取想要的素材，如图3-20所示。

缺点： 需要有摄影基础，也需要会一些基本的修图操作。

图 3-20

3. 使用软件创建

优点： 可以利用专业的绘图软件围绕主题内容进行自主创作。这类图片具有很强的创意性和可塑性，如图3-21所示。

缺点： 需要较强的设计及绘画功底，才能够游刃有余地发挥想象力。

图 3-21

▌3.3.3　图片的处理

无论是网络上下载的图片，还是手机拍摄的图片，通常都要经过基本的处理，使其融入目标页面中。图片处理的工具有很多种，有设计基础的用户可使用Photoshop软件、Illustrator软件等专业的工具进行操作。没有设计基础的用户则可使用美图秀秀、在线设计等这些轻量化智能小工具来操作。

例如，用户使用removebg（www.remove.bg）在线工具就可轻松地消除图片背景。打开

removebg网站，将所需图片直接拖至指定区域中，稍等片刻即可完成背景消除操作，如图3-22、图3-23所示。

图 3-22

图 3-23

动手练 改变产品固有颜色

如果需要展示产品的各种色样，那么只需拍摄其中的一种产品色，然后使用Photoshop软件调整出其他产品色样即可。下面就以调整沙发颜色为例，介绍如何更改图片的色彩。

步骤 01 利用Photoshop软件打开"沙发"素材文件，如图3-24所示。

步骤 02 在菜单栏中选择"选择"|"色彩范围"选项，在打开的"色彩范围"对话框中先将"颜色容差"值设为200，然后选取沙发的橘红色部分，如图3-25所示。

图 3-24   图 3-25

步骤 03 单击"确定"按钮即可选中沙发所有橘红色的区域，如图3-26所示。

步骤 04 在菜单栏中选择"图像"|"调整"|"色相/饱和度"选项，在打开的"色相/饱和度"对话框中设置"色相"为40，如图3-27所示。

图 3-26

图 3-27

步骤 05 单击"确定"按钮，此时沙发颜色更换为黄色，如图3-28所示。

步骤 06 再次打开"色相/饱和度"对话框，调整一下选中区域的饱和度即可，结果如图3-29所示。

图 3-28

图 3-29

3.4 H5页面的音频设置

音频可以很好地营造氛围感，吸引阅读者的注意力，并且能够引导观众快速进入主题。下面对音频文件的常规处理方式进行介绍。

3.4.1 H5页面中常见的音频类型

在H5页面中可以使用背景乐、音效和旁白三种音频文件来增强页面的互动性和用户体验。

背景乐是用来营造氛围或衬托主题的音乐片段。用户可根据不同类的H5主题匹配不同情绪的音乐。例如儿童题材可以使用儿歌或一些俏皮的歌曲；女性题材可使用一些温馨、浪漫的歌曲；古文化传承题材可使用古典乐，如二胡、古筝、扬琴等；商务题材可使用舒缓、轻快的歌曲。

音效是指时长较短的声音片段，如按钮点击声、滑动时的声音、提示音等。利用音效可以增强用户的代入感和体验感，图3-30所示是洋河集团推出的《你的夏天，一听就不一样》趣味游戏类H5作品。该作品是以找出隐藏在页面中的各种声音来进行比赛。在页面中找对声音元素后会自动播放对应的音效，以增加游戏的趣味性。

图 3-30

旁白是指配合视频或图片进行讲解或叙述的声音片段。H5页面中的旁白常用于解释复杂的概念或展示重点内容，帮助用户更好地理解和记忆页面的信息，图3-31所示是惠州市文化广电旅游体育局推出的《大清宫瓷》宣传类H5作品，该作品利用实景VR技术，还原了沈阳故宫博物院样貌，并用旁白对展示的瓷器及艺术品进行讲解，让观众有身临其境的感受。

图 3-31

3.4.2 音频文件的获取方法

获取音频文件的方法有很多，常见的有以下几种。

1. 网络下载

很多专业的音效网站会提供音质较高的音频文件，例如淘声网、聆听网等。这些网站可提供各种类型的音乐，用户可通过搜索栏进行快速查找并下载，非常方便，图3-32所示是淘声网音效列表界面。

图 3-32

当然，用户在下载时，要注意当前音效是否可免费商用。很多音效网都会将使用版权进行注明，建议先了解相关版权事项后再进行下一步操作，图3-33所示是淘声网使用许可协议内容。

图 3-33

2. 录制声音

如果使用以上方法没有找到合适的音频，那么用户还可以利用各种录音设备自行录制所需的声音文件，可使用录音笔、手机录音App、计算机录音软件等。用户自己录制的声音一般需要进行基本的降噪处理才可使用，图3-34所示是利用手机录制声音并分享的操作。

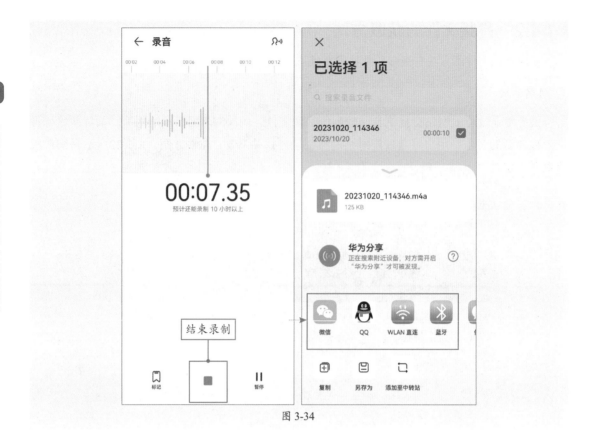

图 3-34

3. 从视频中提取

除以上方法外，用户还可从视频中提取想要的音频文件。目前有很多视频编辑软件都可提供音效提取功能，例如较为热门的剪映软件，图3-35所示是剪映专业版编辑界面。

图 3-35

动手练 从视频中提取背景乐 ————————————

下面就以剪映软件为例，介绍音频提取的具体操作。

步骤 01 启动剪映专业版软件，进入首页界面，单击"开始创作"按钮进入编辑界面，在菜单栏中选择"音频"|"音频提取"选项，单击"导入"按钮，在打开的对话框中选择要提取的视频文件，如图3-36所示。

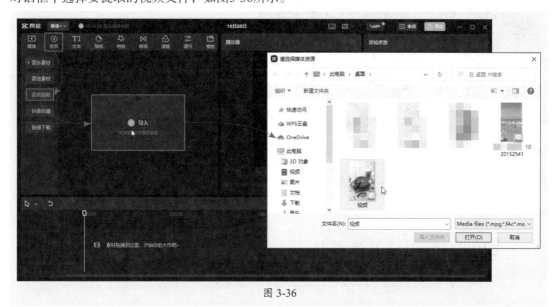

图 3-36

步骤 02 单击"打开"按钮，系统会直接提取视频中的声音，并将其显示在音频列表中，单击该音频文件即可试听，如图3-37所示。

步骤 03 确认无误后，单击右侧的+按钮，将其添加至时间轴中，如图3-38所示。

图 3-37

图 3-38

步骤 04 单击界面右上角的"导出"按钮，进入"导出"界面，取消"视频导出"选项的勾选，勾选"音频导出"选项，并设置好文件名称及存储位置，单击"导出"按钮即可，如图3-39所示。

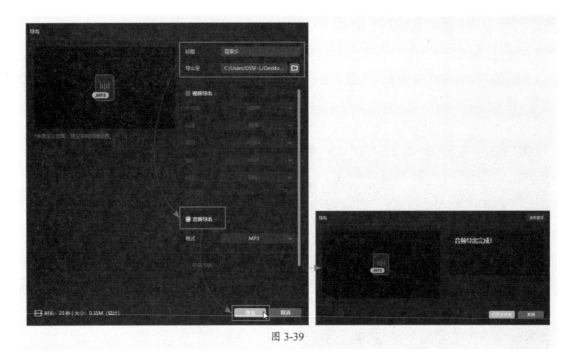

图 3-39

3.4.3 对音频进行简单处理

如果选择的音频不能满足制作需求，那么用户可对该音频进行简单的编辑。例如调整音频时长、添加淡入淡出效果、设置降噪效果等。以Audition软件为例，启动软件，将音频导入软件中即可进行相应的操作，图3-40所示是Audition软件的工作界面。

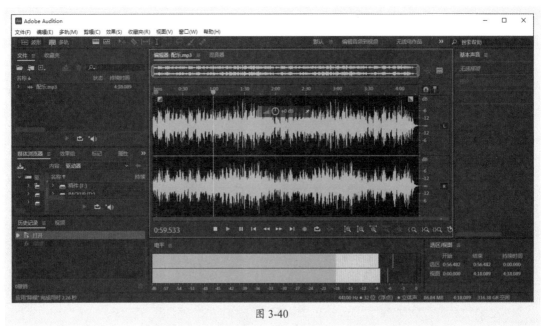

图 3-40

在音频的轨道界面中可以通过鼠标框选要剪掉的部分，按Delete键即可删除。或者右击，在弹出的快捷菜单中选择"删除"选项，可删除被选中的音频，如图3-41所示。

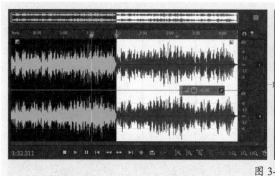

图 3-41

双击音频波形，可全选音频文件。如果要设置音频淡入或淡出的效果，可在音频轨道上分别选择两侧的■图标，将其进行滑动即可，如图3-42所示。

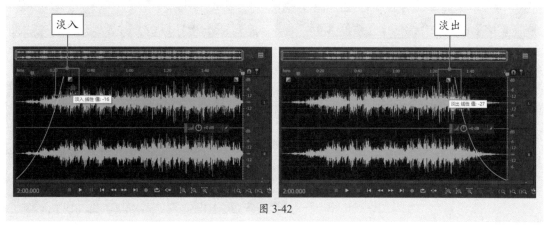

图 3-42

如果需要对音频进行基本降噪处理，可在菜单栏中选择"效果"|"降噪恢复"|"自适应降噪"选项，打开相应的对话框，在"预设"选项中可根据需要选择降噪的类型，设置完成后单击"应用"按钮即可进行音频降噪操作，如图3-43所示。

图 3-43

除此以外，Audition软件还能进行更专业的处理操作。例如音频混合、音频修复、音频效果处理等。这里就不再详细介绍，如用户感兴趣可查询相关专业书籍。

动手练 将背景乐与独白音频进行混合

下面利用Audition软件为独白音频添加背景乐，使其合成一段新的音频文件。

步骤 01 启动Audition软件，将独白音频文件添加到音频轨道中。单击"显示频谱频率显示器"▣按钮，打开频谱面板，调整面板的大小，如图3-44所示。

步骤 02 在"编辑器"面板中单击"放大（时间）🔍"按钮，放大时间轴，如图3-45所示。

图 3-44

图 3-45

步骤 03 在频谱率显示器中拖曳光标，选择位于开始处的一段噪音，如图3-46所示。

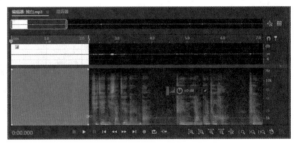

图 3-44

步骤 04 在菜单栏中选择"效果"|"降噪/恢复"|"降噪（处理）"选项，打开"效果-降噪"对话框，单击"捕捉噪声样本"按钮，获取噪声样本，如图3-47所示。

步骤 05 单击"选择完整文件"按钮，系统会自动选择全部的音频文件，如图3-48所示。

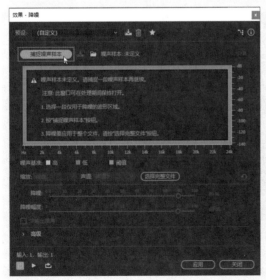

图 3-47

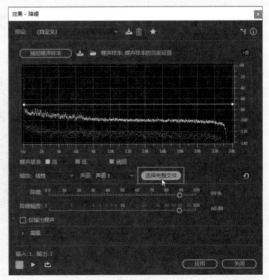

图 3-48

步骤 06 在"效果-降噪"对话框中设置"降噪"和"降噪幅度"的参数,如图3-49所示。

步骤 07 单击"预览播放"按钮,试听降噪后的音频。单击"应用"按钮应用降噪效果,如图3-50所示。

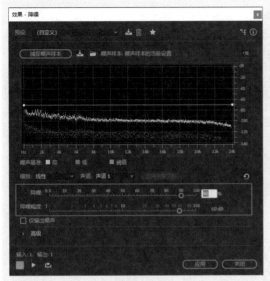

图 3-49

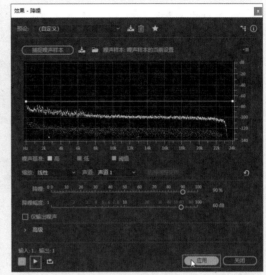

图 3-50

步骤 08 在"效果-降噪"对话框中设置"降噪"和"降噪幅度"的参数,如图3-51所示。

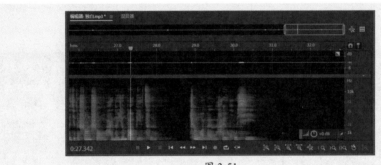

图 3-51

步骤 09 在菜单栏中选择"文件"|"导出"选项,在"导出文件"对话框中设置保存的文件名和位置,单击"确定"按钮将降噪的独白导出,如图3-52所示,然后关闭该音频文件。

步骤 10 单击操作界面左上角的"多轨"按钮,打开"新建多轨会话"对话框,在此创建会话名称及保存位置,单击"确定"按钮,创建多轨混音,如图3-53所示。

图 3-52

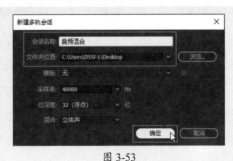

图 3-53

步骤11 在界面左上角的"文件"面板中单击"导入文件"按钮 ，将刚设置的降噪独白和背景乐文件导入该面板中。将这两个音频文件分别拖入"轨道1"和"轨道2"中，如图3-54所示。

图 3-54

知识点拨

导入的配乐文件格式如果不满足编辑需求，在添加时系统会转换成可编辑的音频，从而生成"配乐48000 1.wav"音频文件。

步骤12 单击"轨道1"的"音量"按钮 ◎ ，将其值设为-10，降低配乐音量。同时将"轨道2"的"音量"值设为+15，调高独白音量，如图3-55所示。

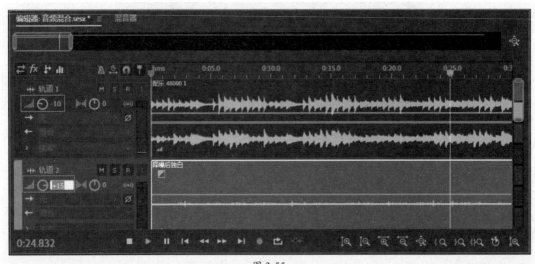

图 3-55

步骤13 按空格键可试听合成的效果。将播放指针定位至"轨道1"的合适位置，单击"切断所选剪辑工具"按钮 ◈ ，对"轨道1"的文件进行分割，如图3-56所示。

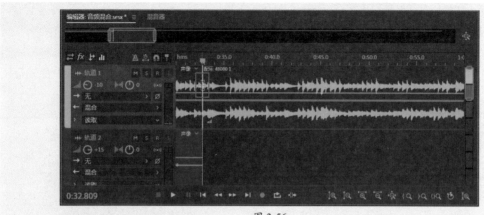

图 3-56

步骤14 选中分割后的音频片段，按Delete键将其删除，如图3-57所示。

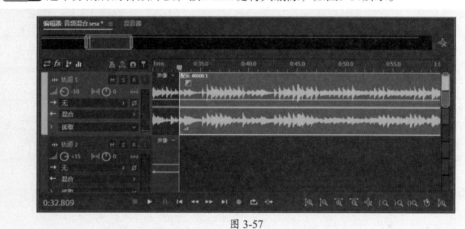

图 3-57

步骤15 在菜单栏中选择"文件"|"导出"|"多轨混音"|"整个会话"选项，在打开的"导出多轨混音"对话框中，设置"文件名""位置""格式"，单击"确定"按钮即可完成音频的合成操作，如图3-58所示。

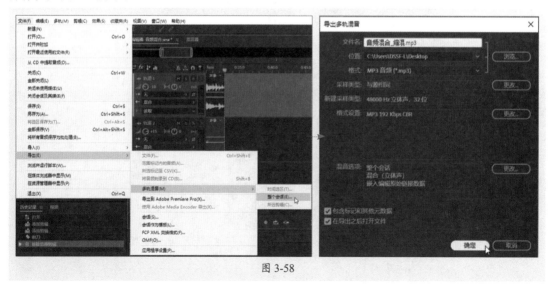

图 3-58

71

案例实战：制作新品预售宣传H5封面页

本实例将结合以上所学的知识内容，制作某灯具产品预售宣传封面页效果。用户可先利用Photoshop软件对封面内容进行排版，然后将其导入H5制作平台进行优化。下面介绍具体的制作流程。

步骤01 启动Photoshop软件，新建一个640×1260像素的页面，如图3-59所示。

步骤02 将前景色设为灰色，并使用油漆桶工具填充页面，如图3-60所示。

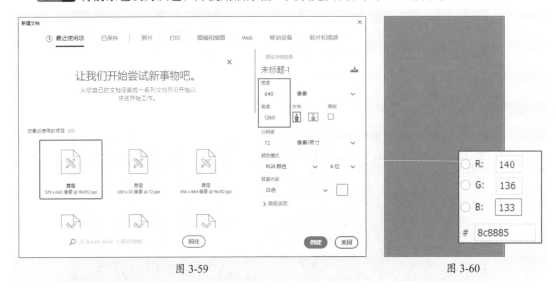

图 3-59　　　　　　　　　　　　　　　　　图 3-60

步骤03 将背景图片置入页面中，按Ctrl+T组合键调整图片的大小，让其与页面等大，如图3-61所示。

步骤04 右击背景图片，在弹出的快捷菜单中选择"转换为智能对象"选项。

步骤05 在弹出的界面中将前景色设为黑色。选中图层1，单击"添加矢量蒙版"按钮 添加蒙版。使用渐变工具在蒙版中调整渐变方向，效果如图3-62所示。

图 3-61　　　　　　　　　　　　图 3-62

H5页面设计与制作标准教程（全彩微课版）

步骤 06 按Ctrl+L组合键打开"色阶"对话框，调整色阶参数，增强画面对比度，如图3-63所示。

步骤 07 将该图层进行锁定。使用"横排文字工具"输入文字，并在"字符"面板中设置文字格式，如图3-64所示。

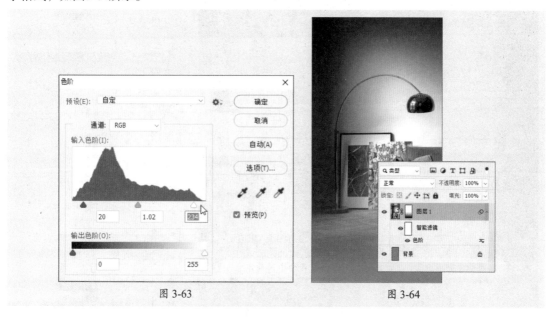

图 3-63   图 3-64

步骤 08 继续输入文字，完成预售文字的输入操作，如图3-65所示。

步骤 09 使用"矩形工具"绘制矩形。在"属性"面板设置矩形的颜色及圆角参数，如图3-66所示。

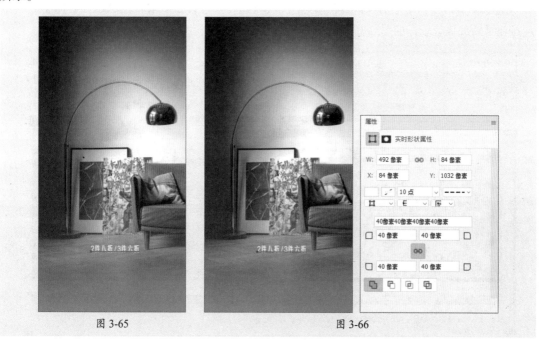

图 3-65   图 3-66

步骤 10 调整矩形图层的顺序，将其调至"前四个小时免定金"文字下方。同时调整每行文字的行间距，如图3-67所示。

步骤11 设置标题文字。使用"横排文字工具"输入封面的标题文字，并设置其文字格式，如图3-68所示。

步骤12 将所有文字图层都进行栅格化操作，如图3-69所示。

图 3-67   图 3-68   图 3-69

步骤13 将制作的宣传页进行保存，保存格式为PSD。

步骤14 编辑背景乐。启动GoldWave声音处理软件，将背景乐素材拖至软件界面中。单击▶按钮可播放该音乐，如图3-70所示。

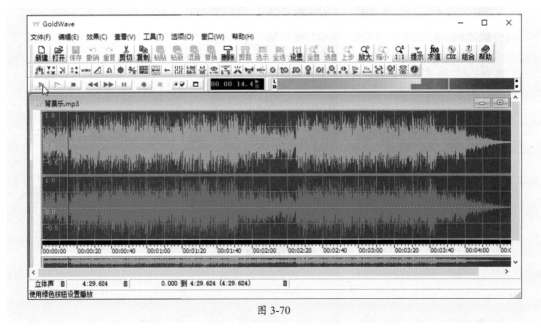

图 3-70

步骤15 在波形界面中框选出要删除的部分，单击"删除"按钮将其删除，如图3-71所示。

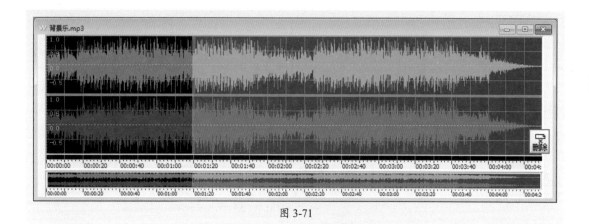

图 3-71

步骤 16 单击"淡出"按钮 ，在打开的对话框中保持默认设置，单击"确定"按钮，即可为当前音乐添加淡出效果，如图3-72所示。

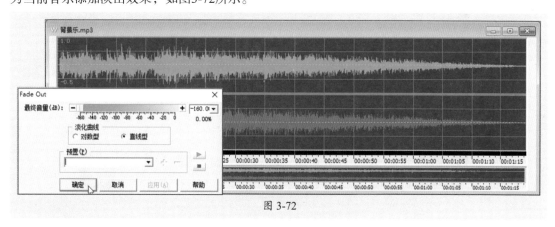

图 3-72

步骤 17 设置完成后，将该文件进行保存，保存格式为MP3。

步骤 18 进入易企秀平台，新建空白页面。单击右侧的 **Ps** 按钮，在打开的界面中单击"+上传原图PSD文件"按钮，将制作的宣传页加载至易企秀页面中，如图3-73所示。

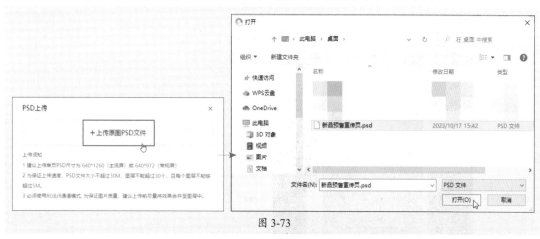

图 3-73

步骤 19 单击页面上方的"音乐"按钮 ，打开"音乐库"界面，单击"上传音乐"按钮上传剪辑后的背景乐至"我的音乐"界面中，如图3-74所示。

图 3-74

步骤 20 在"我的音乐"界面中选择上传的背景乐，单击"确定"按钮即可为当前页面添加背景音乐，如图3-75所示。

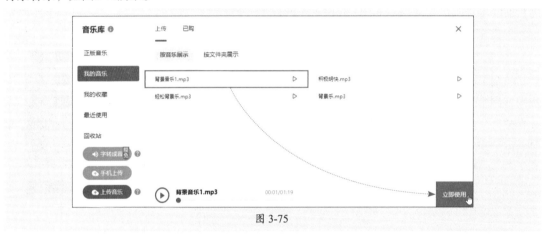

图 3-75

步骤 21 单击"预览和设置"按钮，进入预览界面。在此可预览当前制作的H5页面。此外，用户还可通过扫码使用进行手机浏览，如图3-76所示。确认无误后，单击"保存"按钮即可保存该页面。至此，新品预售宣传封面制作完成。

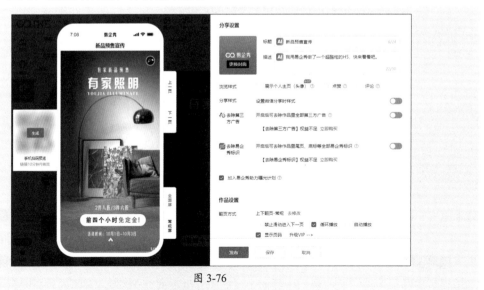

图 3-76

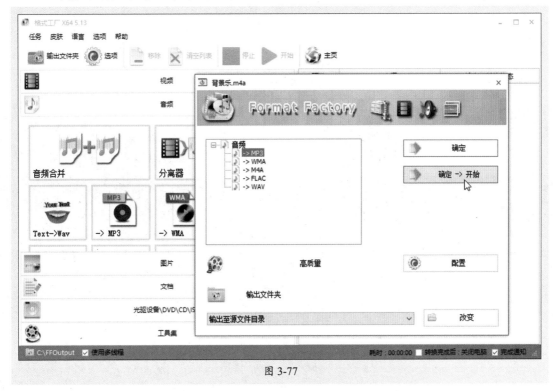

新手答疑

1. Q：在选择音乐时要注意哪些方面？

A：（1）选择与H5主题和内容相匹配的音乐和音效，以增强页面的氛围和吸引力。

（2）注意音频的音质和音量，以确保音频清晰并且不会太吵闹。

（3）选择合适的音频格式和压缩方式，以确保音频大小适中且不会影响加载速度。

（4）选择兼容性强的音频格式，以确保在各种设备和浏览器上能正常播放。

2. Q：手机录音后，其音频不能播放，怎么办？

A：手机录制的音频文件格式大多为m4a，如果无法在音频编辑器中播放，只需转换格式即可。格式转换工具可使用格式工厂，如图3-77所示。将音频拖至格式工厂界面后，选择好输出的格式及位置，单击"确定->开始"按钮即可进行转换。

图 3-77

3. Q：H5 对视频文件有什么限制要求吗？

A：（1）视频格式要求是MP4，音频编码格式为AAC。

（2）视频体积不能太大，一般要小于40MB。

4. Q：除了正文介绍的音频获取方式外，还有其他的获取方法吗？

A：有的。各大H5制作平台都有内置的音频文件，用户可根据需要自行选择，无须下载或编辑，非常方便。

第 4 章

H5页面动效与活动设计

在H5中添加动画特效可创造出流畅的视觉效果，使页面内容生动、自然。此外，营销活动设计也是H5设计领域的一大特色，用户可通过设计各类营销活动进行吸粉、引流，以此提高企业品牌的知名度。本章将对H5动画特效的制作及营销活动的设计进行简单介绍。

4.1 设置H5页面动效

H5页面已经成为企业和个人展示、宣传、营销的重要工具。为了提高用户体验和品牌形象，许多设计师会在H5页面中添加动效。下面对H5页面动效的相关知识点进行简单介绍。

4.1.1 页面动效的作用

H5页面动效的作用主要体现在以下几方面。

- **引导用户操作**。页面动效设计可以引导用户进行点击、翻页等操作，使用户能够更方便快捷地使用H5页面。
- **增加人机交互的乐趣**。通过有趣的页面动效设计，可以让H5页面更具有趣味性和互动性，增加用户的参与度。
- **提高用户体验**。页面动效设计可以提供更好的视觉效果和交互体验，使用户在使用H5页面的过程中更加流畅、舒适。
- **增强品牌形象**。通过页面动效设计，可以突出品牌特色和形象，提高品牌的认知度和美誉度。
- **提高用户留存率**。页面动效设计可以让用户对H5页面产生更多的兴趣和好奇心，增加用户在页面的停留时间，提高用户留存率。

4.1.2 页面动效的类型

H5页面动效可分为页面元素动效、交互动效、辅助动效和翻页动效4种。

1. 页面元素动效

页面元素动效指的是为页面中的元素添加不同的动效，例如淡入淡出、飞入飞出、放大缩小、弹入弹出等。通过调整动效的属性，让元素依次有序地进行展现，使内容更具有动感和趣味性。图4-1所示是去哪儿网站推出的《去哪儿代玩》H5作品，该作品会在每一个关键信息上添加强调动效，引导用户快速获取页面的重点内容。

注意事项

合理的动效可使页面效果锦上添花，但是不能一味追求动效设计，而忽略主体内容的展现。因为过多的动效设计只会造成视觉疲劳，从而影响用户的关注力。

图 4-1

2. 交互动效

交互动效指的是在页面中加入交互按钮或交互动作，让用户的操作与页面产生关联，以增加页面互动性，图4-2所示是腾讯推出的《云游北京中轴线》宣传类H5作品。该作品利用点击转盘随机得到不同的步数，用户按照指定的步数了解这条中轴线上所有的文化遗产项目。

图 4-2

3. 辅助动效

H5页面中的辅助动效指的是那些渲染力强的、持续时间短的动画效果。例如光芒动效、闪烁动效、滚动动效、加载动效（Loading）等。图4-3所示是三体和长安汽车联合推出的《面壁者招募计划》闯关类H5作品，该作品利用各种光线闪烁动效来渲染主题氛围，使得页面科技感十足。

图 4-3

4. 翻页动效

翻页动效是指页与页之间的过渡动画，常用于内容的承上启下、场景过渡或空间的转换。常见的转场动效有上下翻页、左右翻页、缩放翻页、卡片翻页等。

单击页面右上角的"预览和设置"按钮，在打开的预览界面中用户可对当前的翻页方式、翻页动画进行设置，如图4-4所示。

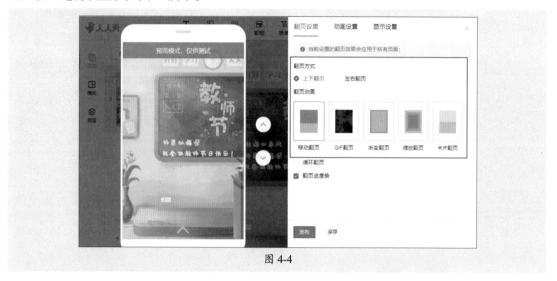

图 4-4

4.1.3 页面动效的常规设置

在制作H5页面时，用户可以直接根据需求为关键元素添加动效。虽说各类H5制作平台的动画功能不尽相同，但大致设置流程是相似的。可以说，只要会使用一个平台的动画操作，其他平台的也就游刃有余了。

以人人秀平台为例，在页面中选择所需的元素，例如选择文本，然后选择"动画"选项，单击"添加"按钮，创建"动画1"选项组。单击"动画"下拉按钮可选择要添加的动画效果。单击右侧箭头按钮可设置动画播放的方向，如图4-5所示。

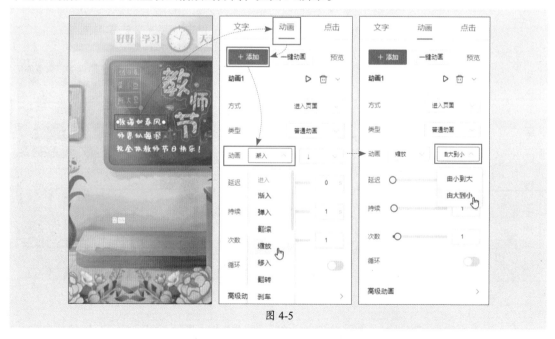

图 4-5

其他参数如没有特殊要求，只需保持默认即可，单击 ▷ 按钮可预览该元素动画。如果在一个元素中需要添加多组动画，可再次单击"添加"按钮创建"动画2"选项组，在此设置第2组动画参数。例如，添加一个退出动画，如图4-6所示。

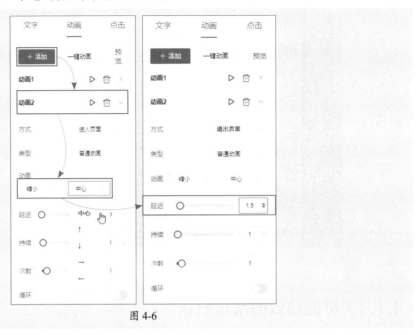

图 4-6

注意事项

动画可分为"进入""强调"和"退出"3种类型。如果要添加"退出"动画，那么就需要在"退出"类型中选择。此外，如要添加两组或两组以上的动画，那么就需要从第2组动画开始设置"延迟"时间。

动画设置完成后，可单击工具栏中的 ▷ 按钮对当前页面动画进行预览，如图4-7所示，文字先由大到小进入页面，停顿1.5秒后，再逐渐消失。

图 4-7

在人人秀中用户还可设置一些屏幕特效，例如语音来电、指纹开屏、粒子开屏等，如图4-8所示。在页面上方单击"组件"按钮，在打开的"特效"界面中，用户可根据需要选择所需的特效进行设置，图4-9所示是动态爱心屏幕特效的操作。

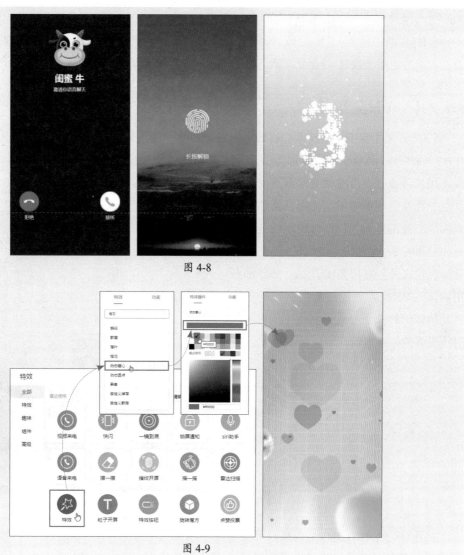

图 4-8

图 4-9

　　在人人秀平台用户可以一键套用页面动画。打开预览界面，在"动画设置"选项组中即可根据需要套用页面动画效果。该效果包含渐入、弹入、翻滚和移入4组动画，如图4-10所示。

图 4-10

在H5页面中添加一些创意画效果可以有效地提升页面展示效果，使页面内容更有吸引力。常用的创意动效有VR全景动效、一镜到底动效、手指跟随动效等。

4.2.1 VR全景动效

VR全景采用虚拟现实技术，将展示内容完全数字化，并通过3D建模打造一个仿真的场景。在H5页面中应用VR全景特效可为用户提供身临其境的沉浸式体验，增强用户的参与感和互动性。用户可通过手指滑动屏幕来改变视角，浏览全景图像。该技术常用于展示城市风光、旅游景点、商业空间等领域，为用户提供更加真实、直观的体验。图4-11所示的是新华通讯社和中影基地联合推出的《VR全景看新时代之美》宣传类H5作品，该作品利用内嵌入VR技术，通过重力感应，或者滑动屏幕两种交互方式来展现中国之美和时代发展的各项成就。

图 4-11

在凡科微传单H5制作平台用户可使用720°全景功能制作VR全景动效。进入该网站，新建页面后，单击页面上方的"趣味"按钮，选择"720°全景"选项即可添加"全景"组件，如图4-12所示。用户可在"全景"面板中单击"展开编辑全景"按钮，展开编辑页面。单击该面板中的"外圈背景"的"自定义"按钮添加背景图，如图4-13所示。此时简单的VR场景就生成了，用户可根据需要在该场景中设置相应的内容。单击"预览和设置"按钮即可查看设置效果，如图4-14所示。

图 4-12

图 4-13

图 4-14

以上介绍的VR全景操作只是一个简单的场景创建，想要实现高质量的VR场景还需要结合其他专业的VR编辑软件才可实现。

4.2.2 一镜到底动效

一镜到底是视频拍摄的一种表现手法，在拍摄过程中没有中断，运用一定技巧将视频一次性拍摄完成。而H5页面中的一镜到底是指在整个页面中使用一个长图作为背景，通过动画实现页面元素的依次展示，给用户一种连续的、流畅的视觉体验。该动效比较适合用于时间轴叙事的场景，例如企业发展历程、企业大事记等。

图4-15所示是光明科学城推出的《一进到底看光明》宣传类H5作品。该作品通过一镜到底的交互方式，让用户上下滑动屏幕，由远及近地观看和了解光明科学城的发展历程。

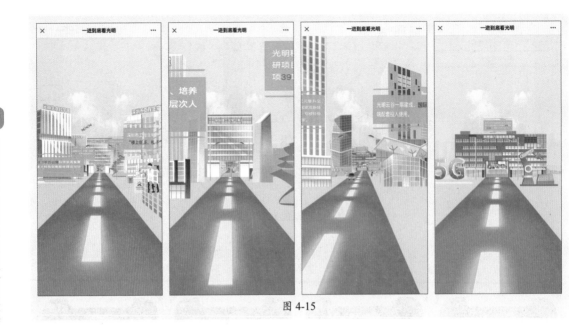

图 4-15

动手练 制作新春祝福动态页面

　　每逢重大节日，企业或商家就会利用H5技术制作大量节日祝福进行线上传播，以提高曝光量，为自己引流。下面利用凡科微传单网站的一镜到底功能，制作新春祝福H5动态页面。

　　步骤 01 进入凡科微传单网站，新建空白页面。单击页面上方的"趣味"按钮，选择"视觉黑科技"|"一镜到底"选项，如图4-16所示。

图 4-16

　　步骤 02 在打开的界面中单击"添加"按钮，添加"一镜到底"的组件页面，如图4-17所示。

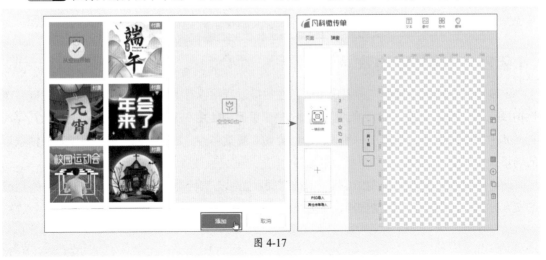

图 4-17

步骤 03 单击第1幕的"背景"按钮▨，打开"背景"面板，单击"开启背景"按钮，开启背景功能，单击+按钮添加背景素材，如图4-18所示。

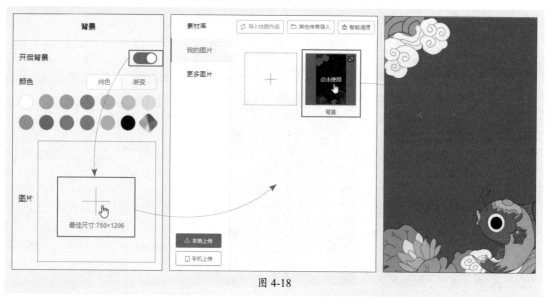

图 4-18

步骤 04 单击页面上方的"素材"按钮，上传中国结素材至素材库，单击即可添加至页面中，如图4-19所示。

步骤 05 单击"文本"按钮，在中国结上输入文字内容，并在"文本"面板中设置好文本格式，如图4-20所示。

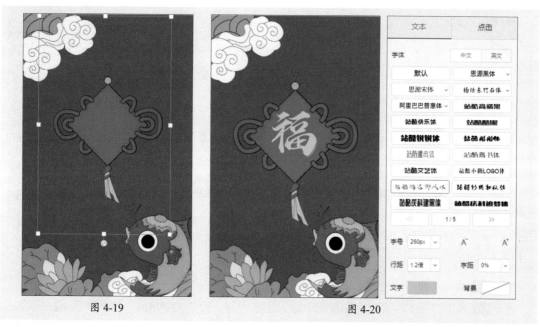

图 4-19   图 4-20

步骤 06 单击页面右侧的▨按钮，复制该场景后新建第2幕场景。更改该场景的文字内容，结果如图4-21所示。

步骤 07 按照同样的方法，复制并创建第3幕～第5幕场景，更改其文字内容，图4-22所示是第5幕场景。

步骤 08 在"一镜到底"面板中单击"最后一幕"按钮，切换到最后一幕空白页，如图4-23所示。

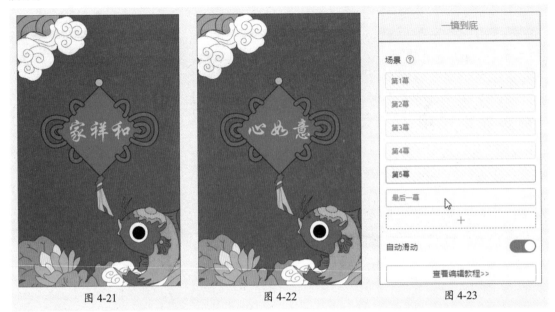

图 4-21   图 4-22   图 4-23

步骤 09 单击▦按钮，添加相同的背景图片。单击"素材"按钮，在"素材库"中选择合适的装饰素材，将其添加至页面中，如图4-24所示。

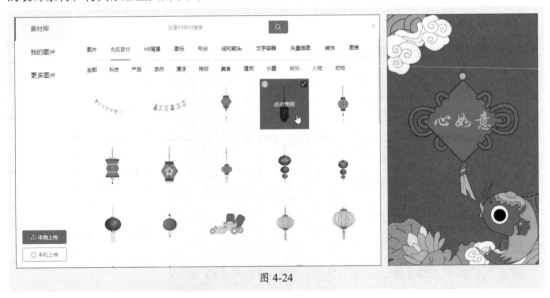

图 4-24

步骤 10 继续添加其他装饰元素来丰富页面，如图4-25所示。

步骤 11 单击"文本"按钮，在页面中输入文字内容，设置文字格式，结果如图4-26所示。

步骤 12 在"页面"面板中删除第一页空白页，如图4-27所示。

图 4-25   图 4-26   图 4-27

步骤 13 单击页面上方的 ♫ 按钮，为当前页面添加背景音乐。单击"预览和设置"按钮进入预览界面，单击"手机预览"按钮可在手机上预览效果。向上滑动屏幕可开启一镜到底动态页面，如图4-28所示。滑动速度快，动效播放就快；滑动速度慢，动效播放就慢。

图 4-28

4.2.3 手指跟随动效

手指跟随动效指的是在移动设备中，当用手指在屏幕上滑动时，页面上的元素会跟随手指的移动而移动。手指跟随动效经常被用于H5页面的游戏场景中。通常该动效要通过JavaScript或相关框架来实现。

图4-29所示是网易新闻和贵州茅台联合推出的《茅台重阳登高计划》游戏类H5作品。该作品通过手指滑动来掌控茅台公仔跳跃台阶进行闯关。

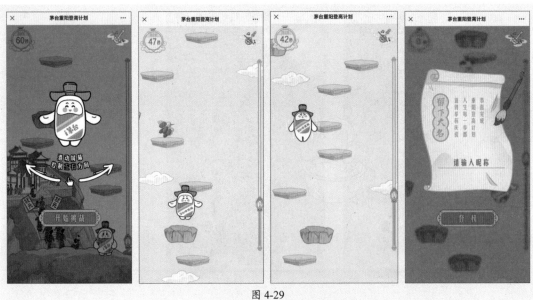

图 4-29

4.3 营销活动页面设计

H5页面营销是一种创新的网络营销方式，它可以借助媒体传播、社交分享、互动游戏和创意营销等元素，来提升企业品牌的知名度和用户的参与度。H5页面营销活动的类型有很多种，如投票评选、红包抽奖、微信场景模拟、趣味游戏等。

以人人秀平台为例，用户可在页面上方单击"互动"按钮，在打开的"互动"界面根据需要选择相应的营销活动进行设置，如图4-30所示。

图 4-30

4.3.1 投票评选类活动设计

投票评选类活动比较常用，企业可在页面中设置多个产品选项，让用户选择自己心仪的产品并进行投票。该活动能够激发用户的参与热情，增加用户互动，同时也能促进用户的口碑传播。

图4-31所示是网易新闻数码频道推出的2022年《年度数码好物评选》H5作品。该作品利用评选的方式排除不喜欢的数码产品，生成好物清单，形成裂变传播。

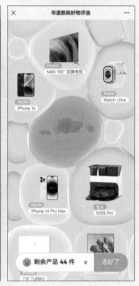

图 4-31

4.3.2 红包抽奖类活动设计

H5红包抽奖类活动是结合传统的抽奖活动形式和现代的H5技术，为用户提供一种全新的互动体验。用户可以通过摇一摇、大转盘抽奖、答题等多种互动形式来获取奖项，不仅可以增强用户的参与感，提高用户对品牌的记忆，还能有效地收集用户数据，为后续的市场分析和产品推广提供支持。

图4-32所示是长隆推出的《翻牛年福气卡 召祥隆十八奖》活动类H5作品，该作品利用翻福气卡的方式获取相应的奖品奖券。

图 4-32

4.3.3 微信场景模拟设计

H5微信场景模拟就是利用HTML 5技术，在微信平台上制作接近原生应用体验的网页。这些网页能够模拟现实生活中的场景，为用户提供仿佛置身其境的感受。利用微信场景可以制作活动的广告推广页面，提高用户的参与度和品牌的曝光度。

图4-33所示是凡科微传单推出的《做一个Logo，少一个朋友》H5作品，该作品模拟微信聊天界面，将主体内容一一呈现出来，场景代入感很强烈。

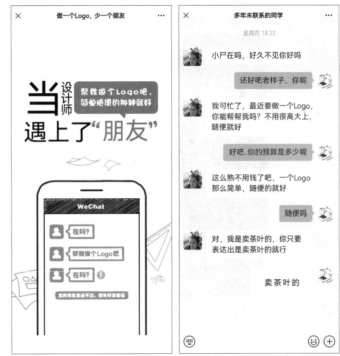

图 4-33

动手练 模拟微信朋友圈场景

下面利用凡科微传单平台制作微信朋友圈的营销场景。

步骤 01 进入凡科微传单网站，新建空白页面。单击页面上方的"趣味"按钮，在列表中选择"微信模拟"|"朋友圈"选项。

步骤 02 在打开的界面中根据需要选择朋友圈类型，这里选择"日常生活"类型，单击"创建"按钮即可创建朋友圈页面，如图4-34所示。

步骤 03 单击"更换封面"按钮可更换朋友圈封面，如图4-35所示。

图 4-34　　　　　　　　　　　　　　　图 4-35

H5页面设计与制作标准教程（全彩微课版）

步骤 04 在页面右侧的"朋友圈"面板中，用户可以对朋友圈成员进行管理。例如添加设置圈主身份、添加或删除微信分享人等，这里设为默认，如图4-36所示。

步骤 05 在页面中选择任意一条朋友圈信息，单击"添加"按钮可新建一条信息，如图4-37所示。

图 4-36   图 4-37

步骤 06 选中"我"的朋友圈信息，将其拖至最顶端，如图4-38所示。

步骤 07 双击这条信息，即可进入信息编辑界面。在"内容"选项中输入文本内容，如图4-39所示。

步骤 08 单击"图片"按钮即可添加配图，如图4-40所示。

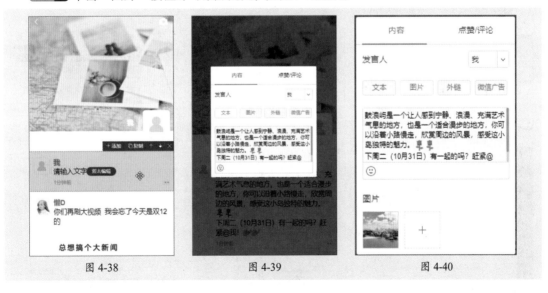

图 4-38   图 4-39   图 4-40

步骤 09 切换到"点赞/评论"选项，单击+按钮可设置点赞人及相关评论，如图4-41所示。

步骤 10 设置完成后，单击页面空白处即可返回页面，如图4-42所示。

步骤 11 在右侧"朋友圈"面板中单击"播放背景音乐"按钮，开启音乐功能，单击 按钮为该页面添加合适的音乐，如图4-43所示。

图 4-41　　　　　　　　图 4-42　　　　　　　　图 4-43

步骤 12 单击"保存"按钮保存当前页面设置。单击"预览和设置"按钮进入预览界面，单击"手机预览"按钮即可使用手机预览真实场景，预览效果如图4-44所示。

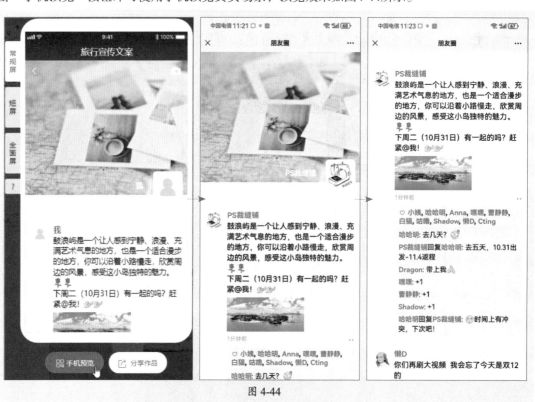

图 4-44

4.3.4　趣味游戏页面设计

H5页面游戏作为一种轻量级的游戏形式受到越来越多的关注。相对于传统的App游戏，H5游戏具有无须下载安装、跨平台兼容等特点，因此在营销方面也有着自身的独特优势。

游戏活动可通过创新的玩法和题材吸引用户的注意力。有趣、刺激的游戏玩法往往能够吸引用户的参与和分享，进而扩大品牌的曝光度。同时，多样化的题材也能够满足不同用户的需求，增加用户的参与度。

H5页面游戏具备较强的互动性和社交性。通过游戏中的排行榜、奖品等机制，可以激发用户的竞争欲望和分享欲望，进而吸引更多的用户参与其中。另外，游戏还可以与其他营销手段相结合，进一步提升品牌效应。例如，通过植入广告、品牌Logo等方式将品牌信息融入游戏场景中，增加用户对品牌的认可度和好感。

图4-45所示是极致品牌推出的《极致红包保卫战》游戏类H5作品，该作品利用红包消除游戏，让用户参与闯关互动。闯关成功后可获得相应的积分进行抽奖。通过小游戏成功达成了品牌宣传的目的。

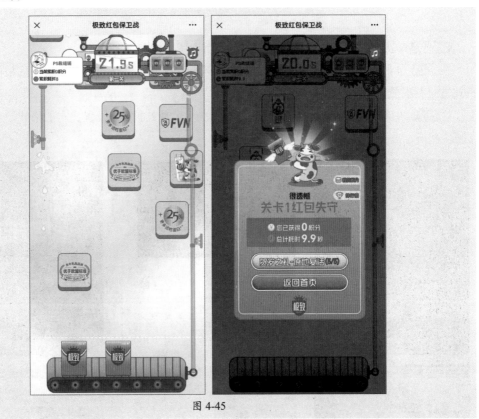

图 4-45

案例实战：制作店庆活动的H5页面

本案例将结合以上所学的知识内容，利用人人秀平台制作某琴行十周年店庆活动页面。其中涉及的知识点包括内页动画的添加、砸金蛋活动的设置等。下面介绍具体的制作流程。

步骤 01 进入人人秀网站，新建空白页面。单击页面右侧的"上传背景图"按钮，在打开的"图片库"界面中上传背景素材，如图4-46所示。

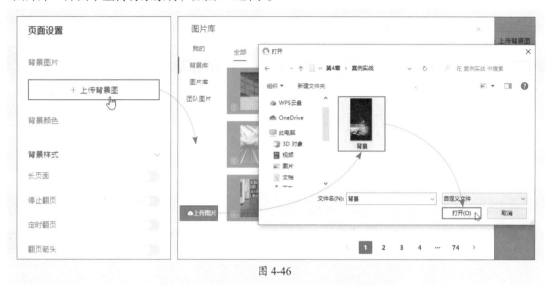

图 4-46

步骤 02 单击上传的背景图即可添加至当前页面中，如图4-47所示。

步骤 03 单击"文字"按钮，在文本框中输入标题文本，并在右侧"文字"面板中对该文本的格式进行设置，如图4-48所示。

步骤 04 再次单击"文字"按钮，在页面中输入其他文本，并设置文本的格式及位置，结果如图4-49所示。

图 4-47　　　　　　　　　　　图 4-48　　　　　　　　　　　图 4-49

步骤 05 在左侧"页面"面板中单击"添加页面"按钮，可新建一张空白页面，如图4-50所示。

步骤 06 单击"上传图片"按钮，在打开的"图片库"界面中选择一款合适的背景作为活动背景图，如图4-51所示。

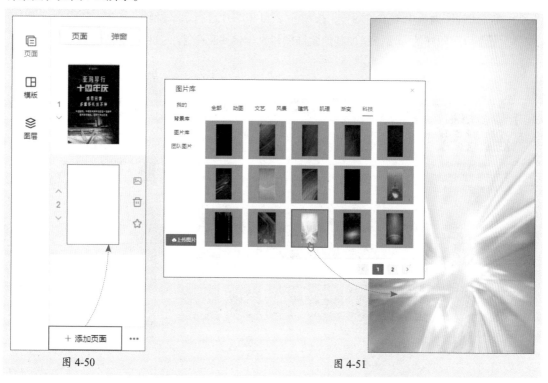

图 4-50   图 4-51

步骤 07 单击"文字"按钮，输入活动标题文本。在"文字"面板中单击"默认样式"按钮，选择"描边"艺术字，并设置文字样式，放置在页面的合适位置，如图4-52所示。

步骤 08 按照同样的方法完成标题文本的添加操作，效果如图4-53所示。

步骤 09 再次单击"文字"按钮，输入页面其他文字内容，设置文字的格式和位置，如图4-54所示。

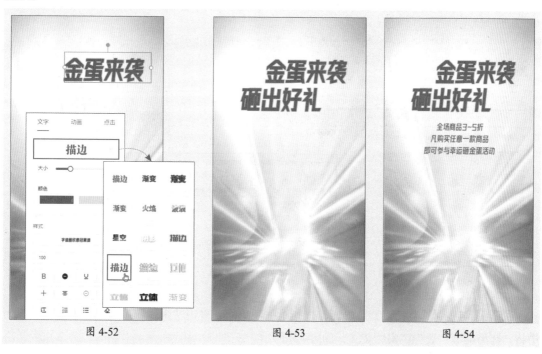

图 4-52   图 4-53   图 4-54

步骤10 单击"图片"按钮，在"图片库"中选择合适的图片素材放置在标题位置处。选中图片，在"图片"面板中单击"翻转"按钮 ⋈，可将图片进行水平翻转，如图4-55所示。

步骤11 按照同样的方法，添加其他装饰图片来丰富页面效果，如图4-56所示。

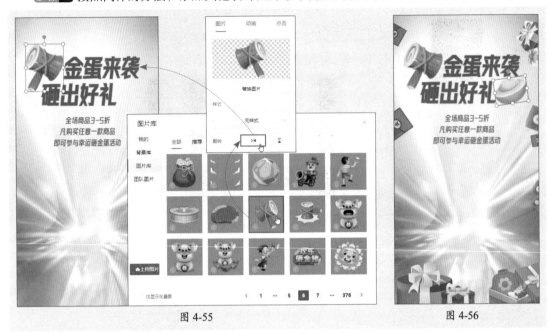

图 4-55   图 4-56

步骤12 单击"互动"按钮，在"互动"界面中选择"抽奖"|"抽奖"选项，打开抽奖设置界面。在"基本设置"界面中设置"活动主题"和"活动时间"，将"活动类型"设为"砸金蛋"，并输入活动规则，如图4-57所示。

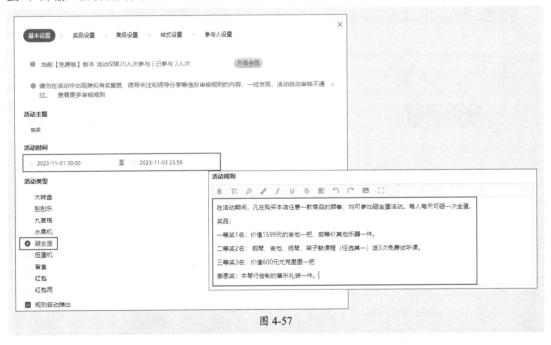

图 4-57

步骤13 切换到"奖品设置"界面，选择第一项奖品，单击"编辑"按钮，在"修改"界面中将"奖品类型"设为"实物奖"，如图4-58所示。

H5页面设计与制作标准教程（全彩微课版）

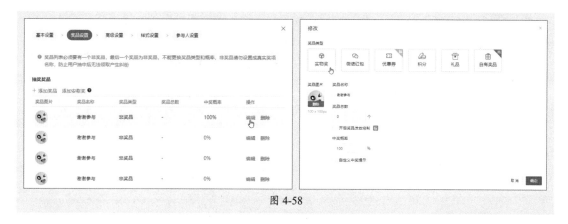

图 4-58

步骤 14 在"选择营销商品"界面选中第1项奖品，并单击"编辑"按钮，在打开的"快速编辑商品"界面对一等奖商品进行设置，如图4-59所示。

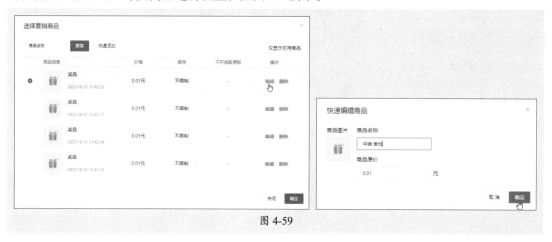

图 4-59

步骤 15 返回"选择营销商品"界面，按照同样的方法设置二等奖、三等奖及感恩奖的奖品信息，如图4-60所示。

步骤 16 选择第一项奖品，单击"确定"按钮，返回"修改"界面，设置"奖品总数""中奖概率""配送方式""奖品领取有效期"，如图4-61所示。

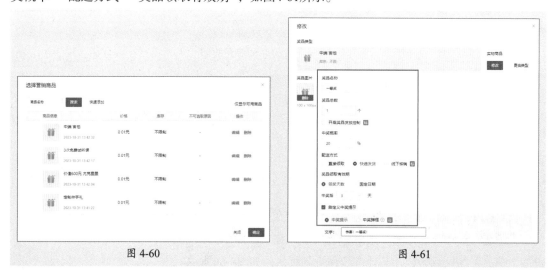

图 4-60   图 4-61

99

步骤 17 单击"确定"按钮，返回"奖品设置"界面，此时即可看到一等奖奖品信息设置完毕。按照同样的方法，添加二等奖奖品信息，如图4-62所示。

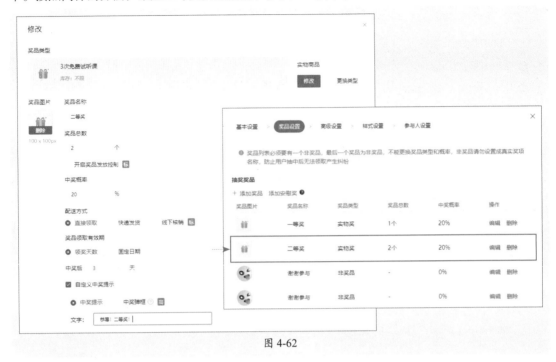

图 4-62

步骤 18 继续添加三等奖和感恩奖奖品信息，如图4-63所示。

步骤 19 切换到"高级设置"界面，根据需要设置"活动设置"选项组中的参数，如图4-64所示。

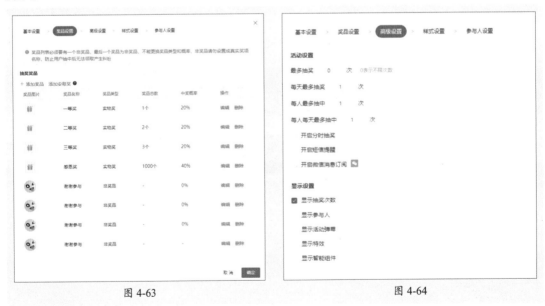

图 4-63   图 4-64

步骤 20 设置完成后单击"确定"按钮，完成砸金蛋活动的添加操作，如图4-65所示。

步骤 21 选择第1张页面，选中标题文字，在"动画"面板中单击"添加"按钮将"动画"设为"缩放""由小到大"，其他参数保持为默认，如图4-66所示。

图 4-65   图 4-66

步骤 22 按照同样的方法，为该页面其他文本添加缩放动画（除"十周年庆"的动画顺序为"由大到小"），其参数保持不变，单击页面右侧的 ▷ 按钮可预览当前页的动画效果，如图4-67所示。

图 4-67

步骤 23 选择第2页，为该页文字和砸金蛋组件添加相应的动画效果，如图4-68所示。

图 4-68

步骤 24 选择第1页，单击"音乐"按钮，在"音乐库"界面选择合适的音乐作为背景音乐添加至页面中。

步骤 25 单击"预览和设置"按钮，在打开的预览界面中单击"手机扫码"按钮，可使用手机预览活动效果，如图4-69所示。

图 4-69

新手答疑

1. Q：在易企秀工具中，想要在页面中添加按钮链接，怎么操作？

　　A：很简单，选择所需的按钮，在"组件设置"面板中选择"触发"选项卡，在"点击触发"下拉列表中选择一种链接的方式，然后再选择需要链接的类型，例如是跳转至外链页面，还是跳转至某内页面，或者是链接到视频播放，还是跳转到某个小程序等。选择好之后，只需根据相关信息进行操作即可。

2. Q：人人秀工具中如何制作快闪效果？

　　A：选择"组件"选项，在"特效"界面中选择"快闪"选项，即可添加快闪组件。在"快闪"面板中选择第1张页面，并在该页面中输入快闪文字，或者添加所需的图片即可，如图4-70所示。然后单击"添加页面"创建第2张页面，按同样的方法继续创建快闪内容。当所有快闪内容设置好之后，单击"音乐"按钮，添加合适的卡点音乐即可。

图 4-70

　　当然，在设置过程中，为了能够与音乐节奏点相吻合，可在"快闪"面板中对每张页面停留的时间进行设置，单击 ⊙ 按钮即可进行设置。

3. Q：做好的底图，如何导入 H5 平台使用？

　　A：以易企秀平台为例，在右侧工具栏中单击PS按钮，在打开的"PSD上传"界面中单击"+上传原图PSD文件"按钮，选择所需PSD文件即可，如图4-71所示。

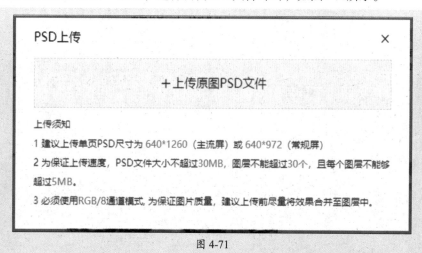

图 4-71

第5章

用易企秀平台制作H5页面

　　制作H5页面的工具有很多种，其中易企秀平台是目前较为主流的制作工具。该平台提供的功能及组件库，可以满足用户日常制作的需要。本章将介绍易企秀平台的一些基本操作，以便新手用户能够快速上手，完成H5页面的创作。

5.1 认识易企秀

易企秀是一个基于内容创意设计的数字化营销平台。它涵盖H5页面、海报、长页、表单、互动、视频等创意设计工具，能够帮助用户快速完成一个符合要求的设计作品，并将其分享到各社交媒体进行营销。

5.1.1 易企秀的应用领域

易企秀的应用领域很广泛，主要应用于市场营销、品牌宣传、活动策划、教育培训、电商等场景，如图5-1所示。

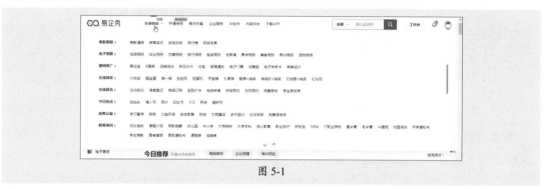

图 5-1

市场营销： 易企秀可制作各种形式的创意内容，如H5页面、海报、长页、表单、互动游戏等，这些内容可适用于各种营销活动，如产品推广、活动宣传、节日庆典等。企业可利用这些营销活动吸引目标客户的关注和兴趣，提高品牌的知名度和美誉度。

品牌宣传： 易企秀可制作企业介绍、产品展示、企业文化等品牌宣传内容，并在各类社交平台进行传播和推广，从而提高企业的品牌价值和形象，吸引更多的潜在客户和合作伙伴。

活动策划： 易企秀可制作各种活动的邀请函、宣传海报、活动页面等，方便企业进行活动策划和宣传。利用易企秀可以提高活动的曝光度和参与度，达到更好的活动效果。

教育培训： 易企秀可制作各类在线课程、培训教材、知识分享等教育培训内容，方便企业和个人进行教育培训和知识分享。

电商领域： 易企秀可制作各种形式的产品展示页面、购物车页面、结算页面等电商内容，方便企业和个人进行电商业务的开展。利用易企秀可提高电商业务的转化率和销售额，实现更好的商业效果。

5.1.2 易企秀的使用优势

易企秀具有简单易用、互动性强、数据分析精准、跨平台分享、安全可靠等优势。无论是个人用户还是企业用户，都可以通过易企秀快速制作出精美的创意作品，并进行更加精准的传播和推广。

操作简单： 易企秀提供了简单易用的操作界面，用户可以通过简单的拖曳和编辑，快速制作出精美的H5页面、海报、长页、表单、互动游戏等创意作品。

模板丰富： 易企秀提供大量的精美模板和素材，涵盖各种行业和主题，用户可以根据自己的需求选择合适的模板进行编辑制作，大幅提高制作效率。

互动性强：易企秀具有强大的互动功能，它可添加各种互动元素，如手势识别、表单提交、抽奖游戏等，使用户可以与制作内容进行更深入的互动，提高用户的参与度和黏性，图5-2所示是易企秀的表单功能。

图 5-2

数据分析：易企秀提供详细的数据分析功能，用户可以了解自己作品的阅读量、分享数、互动情况等，从而更好地进行优化和推广，如图5-3所示。

图 5-3

跨平台分享：易企秀可将作品分享到微信、微博、抖音等社交媒体平台，让用户可以更方便地进行传播和推广，如图5-4所示。

图 5-4

安全可靠：易企秀注重用户数据的安全性和隐私保护，采用先进的加密技术和安全措施，确保用户的数据安全可靠。

5.1.3 易企秀的主要功能

易企秀涵盖H5页面制作、海报制作、长页制作、表单制作、互动游戏制作、视频制作等多个功能，同时也为用户提供团队协作和版本控制功能，以辅助用户制作出更符合要求的作品。

H5页面制作：该功能是易企秀最主要的功能。利用易企秀可以进行H5页面的创建、页面的编辑、页面的发布等一系列操作。此外，还支持对作品的数据进行统计和分析，方便用户实时获取市场反馈的信息。

海报制作：该功能可满足各行各业的海报制作需求，例如市场营销类海报、企业办公类海报、电商配图类海报、新媒体运营类海报等。用户可以选择合适的模板进行制作，也可以进行自主设计，支持添加各种互动元素和特效。

长页制作：该功能可以制作各类手机长页面设计，例如邀请函长页面、企业产品宣传长页面、招生简章长页面、节日活动长页面等。制作长页面可让用户更容易了解制作的内容和特色，从而提高用户的使用体验和转化率。

表单制作：该功能可以根据用户需求制作各类表单内容，例如投票评选、在线报名、在线收款、问卷调查、考试测评等。同时也支持多种表单数据的收集和整理方式。

互动游戏制作：该功能可制作各类互动营销类小游戏，例如大转盘、摇一摇、砸金蛋、找不同、消消乐、跳一跳等。利用这些互动游戏可以为商家引流，提升品牌曝光量。

视频制作：该功能可以利用各种动画特效制作短视频，例如制作视频片头/片尾、朋友圈营销视频、节日活动视频等。

5.2 易企秀的基本操作

在对易企秀平台有所了解后，接下来介绍如何利用易企秀制作H5页面的基本操作，其中包括页面背景、文字图片、动画及特效、音视频，以及各页面管理的设置等。

5.2.1 页面背景的设置

进入易企秀网站并登录账号后，在页面分类选项中选择H5类别，单击"创建"按钮，如图5-5所示，即可进入H5空白编辑界面。

图 5-5

在页面右侧"页面设置"面板中用户可使用纯色背景、渐变背景、图片背景和纹理背景4种背景样式进行设置，如图5-6所示。其中，图片背景通过"图片库"进行添加。用户可选择内置的背景图片，也可在此上传自己准备的背景素材，如图5-7所示。

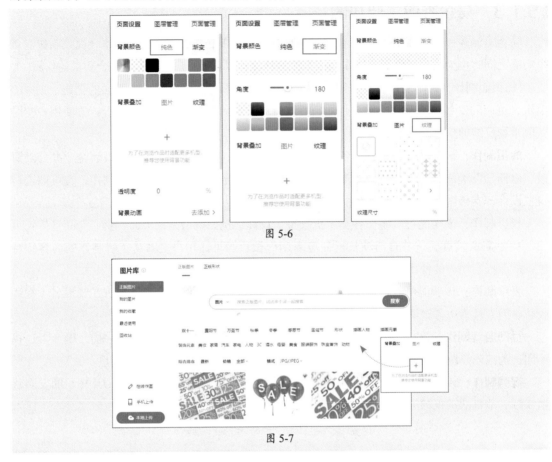

图 5-6

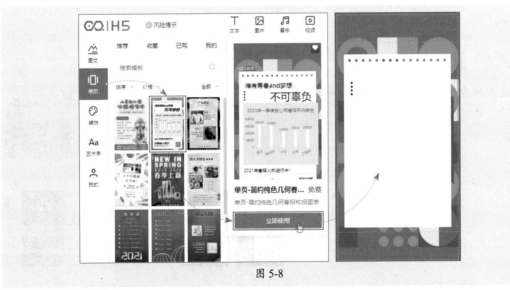

图 5-7

此外，用户也可利用素材库设置页面背景。在页面左侧单击"单页"素材选项，在打开的列表中选择一款合适的素材即可添加在当前页中，删除多余的文字或图片即可，如图5-8所示。

图 5-8

5.2.2 文字的添加与编辑

页面背景设置好之后，用户即可进行文案内容的制作。在页面上方工具栏中单击"文本"按钮，可在页面中显示文本框，双击文本框可输入文字内容，如图5-9所示。选中文字，在悬浮工具栏中可对当前字体的格式进行设置。此外，在"组件"面板的"样式"选项组中可对文字进行更详细的设置操作。例如文字的透明度、文字的对齐方式、文字的字间距、文字边框、文字阴影等，如图5-10所示。

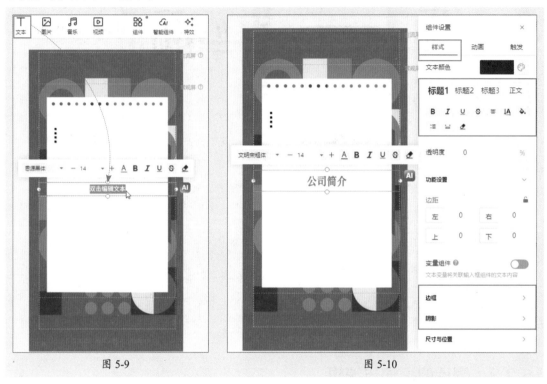

图 5-9   图 5-10

用户还可利用素材库中的"图文"素材或"艺术字"素材设置页面中的文字，如图5-11所示。

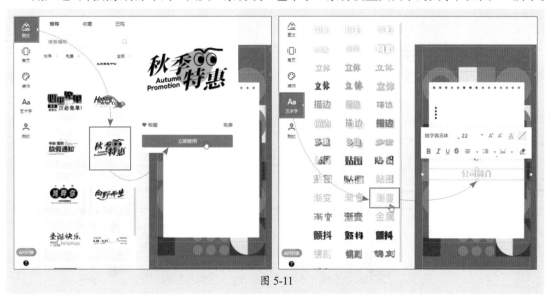

图 5-11

如果使用图文模板，在添加模板后，用户可在"模板设置"面板对模板中的文字、图形颜色进行修改。将光标移至要修改的内容处，就会突显该区域，如图5-12所示。

图 5-12

　　图文模板中的文字有一部分是有版权的，在使用时要将有版权的文字替换成可免费商用的字体。用户可在工具栏左侧"风险提示"中知晓当前页面中涉及版权的元素，如图5-13所示。

图 5-13

5.2.3　图片的添加与编辑

　　要在H5页面中添加图片，方法很简单。在页面上方工具栏中单击"图片"按钮，在"图片库"界面用户可通过关键词筛选的方法选择内置的图片，如图5-14所示。

图 5-14

如果没有合适的图片，用户可单击"本地上传"按钮，在打开的对话框中选择所需的图片，单击"打开"按钮，上传图片至图片库。再次单击该图片，即可将其插入页面中，如图5-15所示。

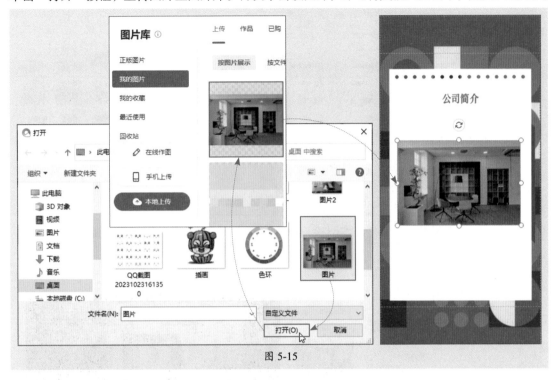

图 5-15

选择图片，在"组件设置"面板用户可对图片进行替换、裁剪、抠图、图片翻转、透明度设置，以及添加各种滤镜效果，如图5-16所示。用户也可单击"更多"按钮，对图片的亮度、对比度、饱和度、色调等参数进行调整，如图5-17所示。

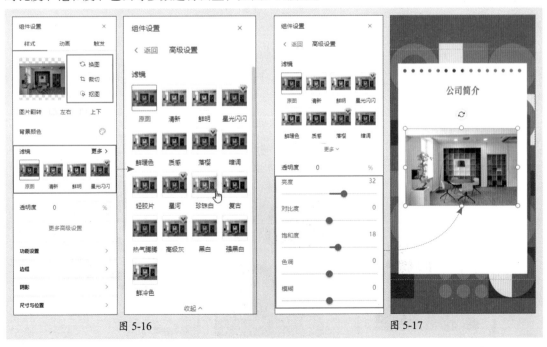

图 5-16

图 5-17

利用易企秀中的"拼图"组件可以将多张图片进行创意拼图，从而丰富内容，提升页面的美感。在工具栏中单击"组件"按钮，在"视觉"组件列表中选择"拼图"选项，在"选择拼图模板"界面选择所需模板，单击即可在页面插入该模板，如图5-18所示。

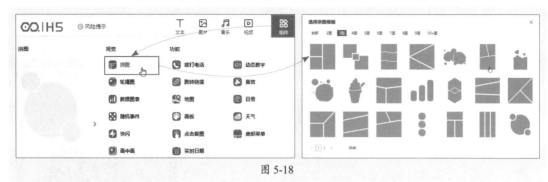

图 5-18

在页面中调整一下模板的大小，然后选择其中一块拼图，在悬浮栏中选择"换图"选项，在打开的"图片库"界面中上传所需图片，单击图片进入"图片剪切"界面，调整剪切位置，如图5-19所示。

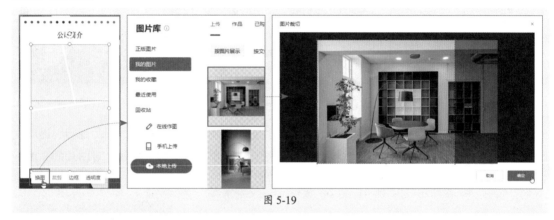

图 5-19

调整之后，单击"确定"按钮即可将其插入该模板中，如图5-20所示。按照同样的步骤，将其他图片也插入该模板中，如图5-21所示。选中拼图，在"组件设置"面板中用户还可再调整模板样式，以符合图片展示要求，如图5-22所示。

图 5-20   图 5-21   图 5-22

如果需要在页面中插入图标、线条等装饰图形，可在素材库的"装饰"选项中进行选择设置，如图5-23所示。

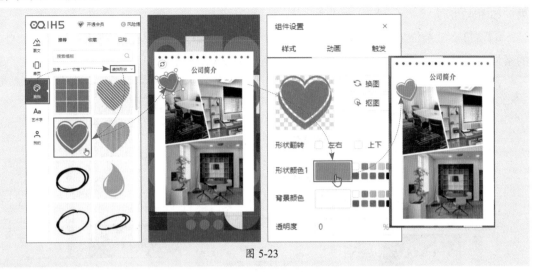

图 5-23

注意事项

"装饰"素材中对内置的图标、插画、线条、图案等素材只能进行大小、颜色的调整，而无法修改其造型。还要注意，有时插入的图案为图片格式，所以无法调整该图案的颜色。

动手练 完善公司简介的H5页面

下面就利用易企秀的文本功能来完善公司简介页面内容的制作。

步骤 01 单击"文本"按钮，在文本框中输入标题文字。在悬浮栏中将文字字体设为"思源宋体加粗"，字号为"24"。在设置字体颜色时，可利用吸管工具吸取背景的红色为字体颜色，如图5-24所示。

步骤 02 将标题移至页面的合适位置。再次利用"文本"功能输入简介内容，如图5-25所示。

步骤 03 在工具栏中单击"图片"按钮，打开"图片库"界面，单击"本地上传"按钮，上传图片素材，如图5-26所示。

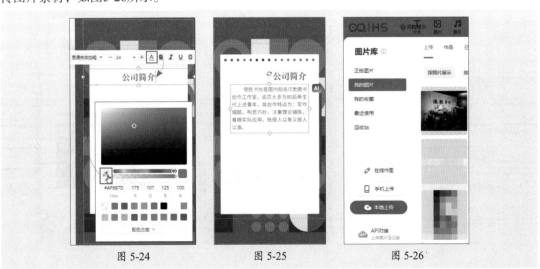

图 5-24　　　　　　　图 5-25　　　　　　　图 5-26

步骤04 选择上传的图片即可将其添加到页面中，调整图片的大小和位置，如图5-27所示。

步骤05 选择图片，在"组件设置"面板的"滤镜"选项组中为图片添加"轻胶片"滤镜效果，如图5-28所示。

步骤06 在"装饰"素材选项中选择"形状"|"装饰形状"类素材，在列表中选择一款合适的素材，并调整好大小，放置在页面的合适位置，如图5-29所示。

图 5-27　　　　　　　　　图 5-28　　　　　　　　　图 5-29

步骤07 选中该素材，在"组件设置"面板中单击"形状颜色1"按钮，调整好该素材的颜色，如图5-30所示。

步骤08 同样在"装饰"素材选项中选择"形状"|"基础形状"选项，选择圆形素材，将其放置在页面下方，并在"组件设置"面板中调整圆形颜色，如图5-31所示。

步骤09 复制该圆形，并调整好大小放置在合适位置，如图5-32所示。

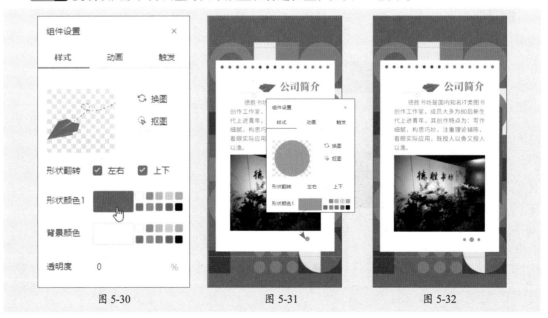

图 5-30　　　　　　　　　图 5-31　　　　　　　　　图 5-32

选中三个圆形后，在"多选操作"面板可对多个圆形进行对齐及平均分布的操作，如图5-33所示。

图 5-33

5.2.4　动画及特效的设置

为文字或图片添加一些动画或特效，可以让H5页面更加吸睛。页面中所有元素默认的动画效果是淡入，用户可以根据需求对其进行更改。

在页面中选择目标元素，在"组件设置"面板中单击"动画"选项卡，可以看到当前文字默认为"淡入"动画。单击 🗑 按钮可删除该动画，如图5-34所示。单击"添加动画"按钮，进入动画列表，"进入""强调""退出"三组动画类型，在目标类型中选择一款动画，即可应用于当前元素中，如图5-35所示。

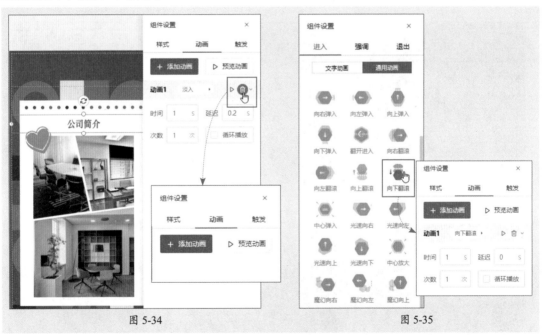

图 5-34　　　　　　　　　　　　　　　　　　图 5-35

在"动画"选项卡中用户可对该动画的时间、延迟、次数、是否循环播放等选项进行设置。单击 ▷ 按钮可预览该动画效果。一般情况下页面中只需为关键内容或要强调的内容添加动画，其他内容可忽略动画。

以上介绍的是页面元素动画的设置操作。易企秀还提供一些场景特效，例如涂抹特效、指纹特效、飘落物特效、渐变特效等。用户可在工具栏中单击"特效"按钮，在其列表中选择目

标效果，例如选择砸玻璃动效，如图5-36所示。在"特效场景"界面中可以设置场景背景色、
砸击次数，以及提示文字，单击"确定"按钮，如图5-37所示。

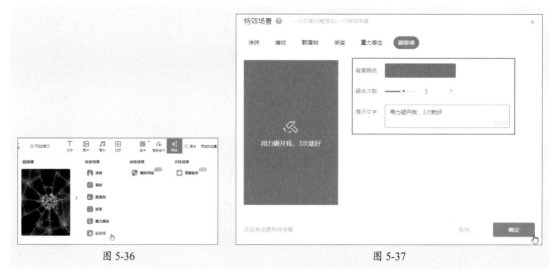

图 5-36   图 5-37

单击页面右上角的"预览和设置"按钮，进入预览界面，在此可展示砸玻璃特效，单击屏
幕三次，即可进入H5页面，如图5-38所示。

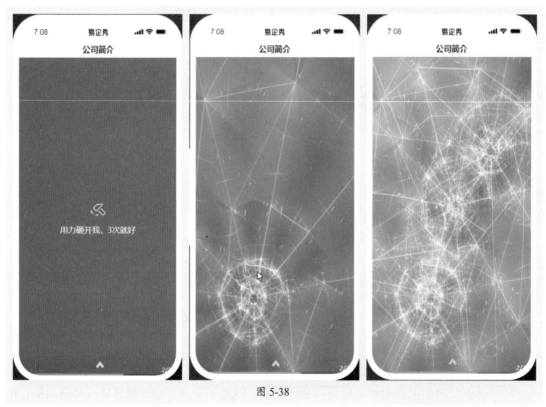

图 5-38

动手练 为公司简介页面添加动画

　　下面为制作好的公司简介页面添加动画效果。

　　步骤 01 选中白色背景，在"组件设置"面板中单击"动画"选项卡，单击"添加动画"按钮，选择"缩小进入"动画选项，如图5-39所示。

　　步骤 02 选择页面标题，为其添加"向左移入"文字动画，如图5-40所示。

图 5-39　　　　　　　　　　　　　　　　　图 5-40

　　步骤 03 选中页面中的正文内容，为其添加"向右移入"动画效果，如图5-41所示。

　　步骤 04 选中页面中的图片，为其添加"中心放大"动画效果，如图5-42所示。

图 5-41　　　　　　　　　　　　　　　　　图 5-42

步骤 05 选中页面中的飞机装饰素材，为其添加"中心弹入"动画效果。并将该动画的"延迟"参数设为1，其他保持默认，如图5-43所示。

步骤 06 单击页面左侧工具栏中的▶按钮，可快速预览当前页面动画，如图5-44所示。

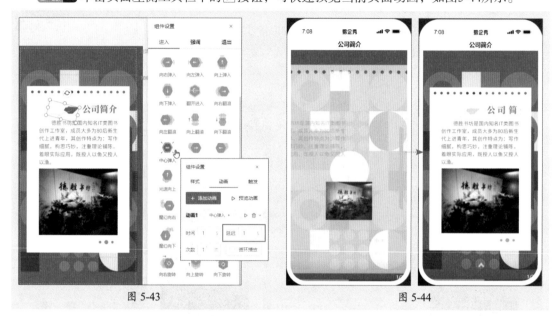

图 5-43　　　　　　　　　　　　　　　　　图 5-44

5.2.5　音频与视频的设置

在H5页面中添加音频和视频可以很好地烘托主题内容，增强用户的体验感。音视频的添加方法与图片的添加方法相似。用户可以选择内置文件，也可选择从本地上传的文件进行添加。在上方工具栏中单击"音乐"或"视频"按钮，在打开的"音乐库"或"视频库"界面中选择音频或视频文件，即可加载到页面中，如图5-45、图5-46所示。

图 5-45　　　　　　　　　　　　　　　　　图 5-46

视频的添加除了以上方法外，还可以使用"外部链接"功能进行链接播放。该方法适合于播放外部网站中的视频文件。选择"视频"|"外部链接"选项，会在页面中显示一个视频框。在"组件设置"面板中将视频嵌入代码粘贴至"通用代码"框中即可，如图5-47所示。需注意的是，易企秀只支持腾讯视频网站的链接。

图 5-47

知识点拨

视频的嵌入代码可在视频的"分享"列表中获取，单击"嵌入代码"按钮即可完成复制操作，图5-48所示是腾讯视频"嵌入代码"的获取方式。

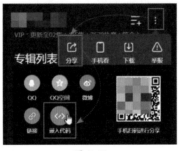

图 5-48

5.2.6 页面的创建与管理

H5页面有两种，一种是常规页面，另一种是长页面。常规页面通常由多张页面组成，用户需手动翻页来查看内容。长页面又被称为"单页"，它是将所有内容都展示在一页中，用户只需上下滑动屏幕即可查看所有内容。

1. 常规页面

当完成一页内容的制作后，需创建下一张页面时，在页面右侧的"页面管理"选项卡中，单击当前页缩略图下方的 按钮即可创建新的空白页面，如图5-49所示。

如果要复制页面，可选择目标缩略图页面，单击 按钮即可在其下方显示复制的页面，如

图5-50所示。

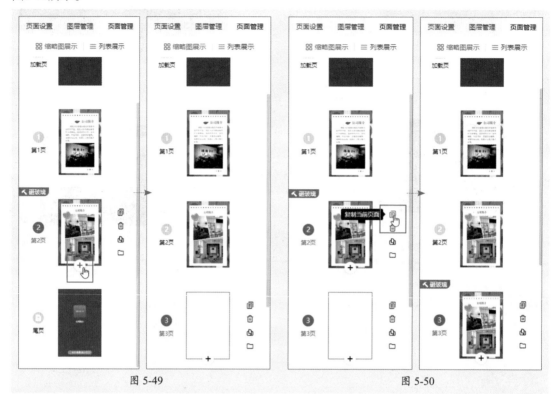

图 5-49   图 5-50

单击缩略图页面左侧的 ⊡ 按钮，可删除当前页面。单击 ⊡ 按钮，可打开"翻页动画设置"界面，在此可设置当前页面的翻页动画，如图5-51所示。

如果需要调整某张页面的前后顺序，可选中相关缩略图，将其拖至正确位置即可。

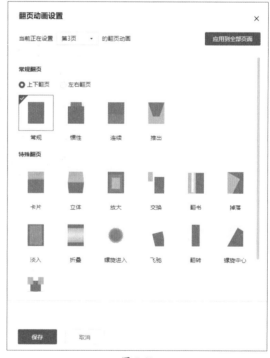

图 5-51

2. 长页面

默认情况下，H5页面是以常规页面显示的，如果需要切换到长页面，可在当前页下方单击

"长度太短？将其切换为长页面"按钮，在打开的提示框中单击"确定"按钮即可，如图5-52所示。拖动页面下方的蓝色滑块可加长页面，如图5-53所示。

图 5-52　　　　　　　　　　　　　　　　　　图 5-53

5.3 常用的易企秀组件

易企秀为用户提供一些互动营销类组件，主要包含视觉组件、功能组件、表单组件、微信组件及活动组件几种，如图5-54所示。利用好这些组件，可帮助用户制作出更符合要求的H5页面。

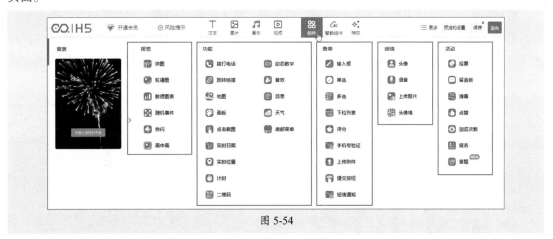

图 5-54

5.3.1 视觉组件

视觉组件包括拼图、轮播图、数据图表、随机事件、快闪和画中画六个工具，该组件主要应用于H5页面视觉效果的呈现。

拼图：该工具可以让用户创建自定义拼图效果，适用于多图展示效果。系统内置了多个拼图模块，用户选定模块后，将图片依次填充至模块中即可，如图5-55所示。

图 5-55

轮播图：该工具也是一种图片展示工具，可在一个窗口中通过手指滑动展示多张图片效果，图5-56所示的是轮播示意图。

图 5-56

数据图表：该工具主要用于数据展示。将数据以图表的形式呈现，帮助用户更好地理解和分析数据。用户可以添加4种不同形状的统计图标，包括柱状图、饼图、折线图和曲线图，同时还可对图表中的数据、图表样式、图表类型进行修改，甚至还可为其添加动画，以增强数据展示的趣味性，图5-57所示是图表示例效果。

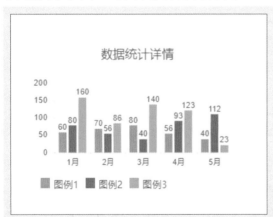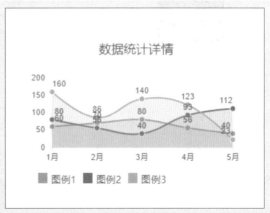

图 5-57

随机事件：该工具根据用户的行为触发一些随机效果或操作。通过设置随机事件，可以增加H5页面的交互性和趣味性，提升用户体验。随机事件组件可设置触发方式、触发条件、触发后的效果等。支持多种触发方式，如点击、滑动、长按等。用户可根据自己的需求和创意自由发挥，制作出各种独特的随机事件效果。

快闪：快闪是一种页面动态特效工具，可在进入H5页面后展示倒计时页面特效，图5-58所示是快闪倒计时示意效果。用户可通过使用快闪模板，或通过设置图片动画来制作快闪页面。

图 5-58

画中画：画中画通常表现为一个主画面中嵌入一个或多个子画面，子画面可以是缩略图或者小视频等元素。这种表现形式可以让用户同时观察多个场景或内容，增加页面的交互性和视觉效果。

在制作时可通过考虑不同场景之间的关联和过渡效果，以及页面布局和元素位置的安排，实现画中画效果的优化。同时，根据具体需求和目标受众，可以灵活运用不同的制作技术和工具，如HTML 5、CSS 3、JavaScript等，以实现更丰富的交互效果和视觉呈现。

5.3.2　功能组件

易企秀功能组件大多以创建互动功能为主，例如拨打电话、跳转链接、地图、画板、点击截图等。在"组件"列表的"功能"组中选择相应的工具组件即可。

拨打电话：该工具可以在H5页面中增加直接拨打电话的按钮功能，用户点击该按钮即可拨打电话。

跳转链接：该工具可以在H5页面中添加跳转到其他页面的链接按钮，在相关组件设置面板中设置好跳转方式、链接地址及按钮名称和样式即可。

地图：该工具可以在H5页面中展示出准确的地理位置。添加该工具后，用户可输入准确的地址来定位地图位置，此外，还可设置地图的缩放级别、地图类型和地图样式。

画板：该工具可在H5页面中进行灵活的绘画或签名。添加画板工具后，用户可在画板中进行自由绘画或者手写签名。

点击截图：该工具可以通过创建的"点击截图"按钮，对当前H5页面快速进行截图，并自由选择图片的格式和质量，将其保存在手机中。

实时日期：该工具可以在H5页面中快速插入当前日期文字。用户可在"组件设置"面板中对日期的类型、形式、格式、字体、字号等参数进行设置。

实时位置：该工具可自动展示访问者当前所在的地理位置。

计时：该工具主要用于H5页面中的活动计时或倒计时操作。

二维码：利用该工具可以在H5页面中生成不同类型的二维码，包括静态二维码、动态二维码、个性化二维码等。此外，用户还可对二维码进行各种自定义设置，例如更改二维码颜色、样式和大小，添加Logo或文字等。同时，用户还可以跟踪和分析二维码的扫描数据，包括扫描次数、扫描时间、扫描设备等信息，从而更好地了解用户的行为和需求。

动态数字：该工具可以在H5页面中生成一个不断变化的数字效果。用户可以自定义设置起始数值、终止数值、变化类型、动画时长、停止顺序和是否随机停止等参数，从而生成各种不同的动态数字效果，以此提高页面的吸引力和交互性。

音效：该工具可以在H5页面中添加音效播放按钮。单击该按钮后，系统会自动播放设置的音效。

目录：该工具可帮助用户在H5页面中创建清晰、美观、易用的导航菜单，提高用户体验。通过目录工具，用户可创建多个目录项，还可设置目录链接跳转、目录展开和收起状态、目录层级和排序方式。

天气：该工具可以在H5页面中实时显示天气信息。用户可以自定义设置城市名称、天气类型、温度、风力等参数，从而获取实时天气。

底部菜单：该工具可方便用户快速访问页面内容。通常位于页面底部。用户可以添加多个菜单项，以及设置菜单项的样式。

5.3.3　表单组件

易企秀的表单组件可以帮助用户在H5页面中创建各种类型的表单内容，从而方便收集数据信息和实现交互操作。

输入框：用于收集姓名、电话、性别、意见反馈、用户留言等文字内容。

单选：用于设置单选题，在多个选项中选择一个选项。

多选：用于设置多选题，选项数目可取任意值。

下拉列表：用户可从下拉列表中选择一个或多个选项进行输入。该工具可支持动态加载数据，通过接口从服务器获取数据，并将其加载到下拉列表中。同时，用户在选择选项时，还可设置链接操作，例如提交表单或跳转到另一个页面。

评分：用于对页面内容进行评价和打分。用户可设置评分的最大值、最小值和步长，以及设置评分的样式和颜色等参数。同时，还可为评分组件添加自定义的评分提示和评分结果等文本内容。

手机号验证：提交表单前必须进行手机号验证，使用手机号验证将按照合同约定进行增值收费，可有效防止恶意提交。

上传附件：用户将本地的文件上传到服务器，实现在H5页面中展示文件内容的目的。该工具支持多个文件同时上传，文件上传后，可对文件进行预览和下载操作，方便用户对文件进行管理和使用。

提交按钮： 用于信息提交和收集。表单收集信息必须添加提交按钮，否则无法进行信息收集操作。

短信通知： 用于将表单提交结果、订单支付成功等信息以短信的方式通知用户。短信通知包含多种类型的消息通知，如验证码、会员开卡、消息推送、微信加粉等。此外，短信通知还支持自定义短信内容、自定义签名、自定义模板等自定义设置，可以根据不同的需求进行个性化配置。

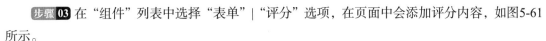 **制作意见反馈表单**

下面以产品意见反馈表为例，介绍表单制作的基本流程。

步骤 01 在页面中添加背景图片，如图5-59所示。

步骤 02 利用"文本"功能输入表单标题，并设置标题格式，如图5-60所示。

步骤 03 在"组件"列表中选择"表单"|"评分"选项，在页面中会添加评分内容，如图5-61所示。

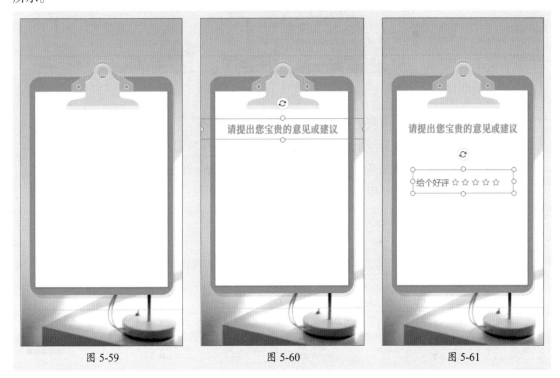

图 5-59　　　　　　　　图 5-60　　　　　　　　图 5-61

步骤 04 在"组件设置"面板中设置"评分标题""按钮图标""背景颜色""边框样式"及"边框颜色"，如图5-62所示。

步骤 05 调整评分内容在页面中的位置和大小，如图5-63所示。

步骤 06 在"组件"列表中选择"表单"|"输入框"选项，在页面中添加一个姓名输入框，如图5-64所示。

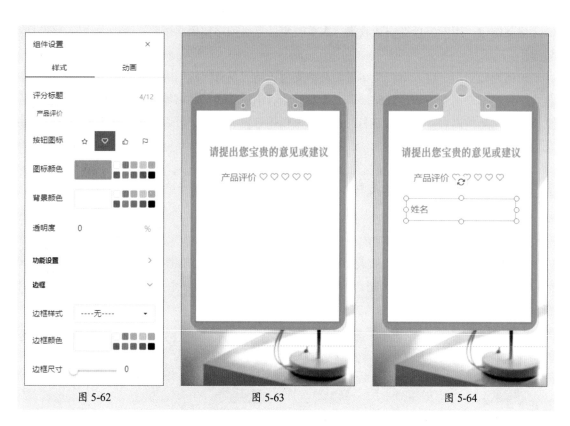

图 5-62   图 5-63   图 5-64

步骤07 在"组件设置"面板中将"输入类型"设为"文本"，如图5-65所示。

步骤08 将"文本"框设为"填写意见或建议"，如图5-66所示。

步骤09 单击"设为必填"开关按钮，开启该功能，如图5-67所示。

步骤10 展开"边框"选项组，设置边框颜色，如图5-68所示。

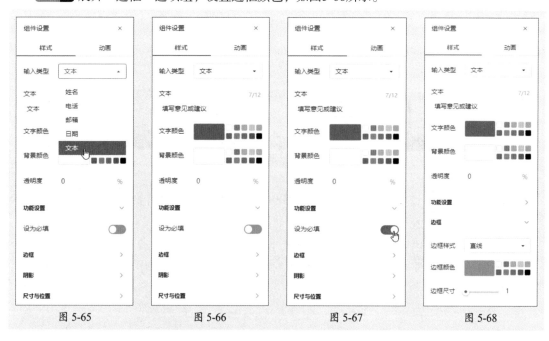

图 5-65   图 5-66   图 5-67   图 5-68

步骤11 调整输入框在页面中的位置和大小，如图5-69所示。

步骤 12 再次选择"输入框"表单组件，按照以上操作，设置输入框的属性参数，如图5-70所示。

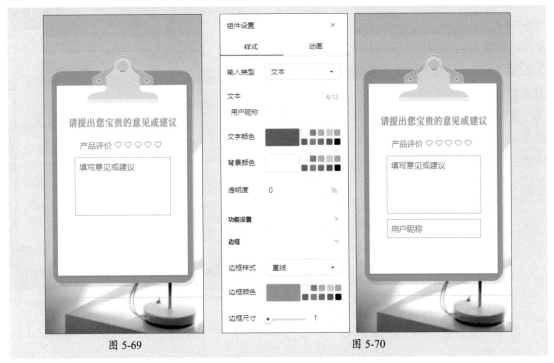

图 5-69   图 5-70

步骤 13 在"组件"列表中选择"表单"|"提交按钮"选项，在页面中添加"提交"按钮，如图5-71所示。

步骤 14 在"组件设置"面板中对"按钮样式""按钮名称""提示文本"等属性进行设置。调整按钮的位置和大小，如图5-72所示。至此意见反馈表单制作完毕。

图 5-71   图 5-72

5.3.4 微信组件

微信组件可模拟微信互动场景，可在H5页面中实现一对一的互动，使用户有强烈的参与感。该组件包括头像、语音、上传照片、头像墙4类工具。

头像： 用于展示和编辑用户头像和昵称。用户可在"组件设置"面板中设置头像的样式和类型，如图5-73所示。

图 5-73

语音： 用于录制和播放语音内容，适用于活动介绍、产品介绍、培训等场景。添加该工具后，可以单击"录音"按钮录制语音内容，完成后可单击"播放"按钮播放录制的语音。语音工具可配合文字、图片等功能一起使用，让页面内容更丰富、更生动。

上传照片： 用于上传并进行图片展示。单击"上传"按钮后可上传自己的图片，如图5-74所示。该图片可保存15天，并且可被其他用户查看，该工具用在活动中可增加互动性。例如，可以在活动中创建上传照片的环节，让用户上传自己的照片来分享自己的生活点滴。

图 5-74

头像墙： 用于展示参与活动的用户头像，营造热闹的活动氛围，如图5-75所示。该工具通常配合其他功能使用，例如留言板、弹幕等。用户可通过单击头像墙上的头像或者昵称，查看用户的详细信息或者参与评论互动。

图 5-75

5.3.5 活动组件

易企秀中的活动组件包括投票、留言板、弹幕、点赞、浏览次数、报名及答题。活动组件通常会配合其他功能一起使用，例如表单、头像墙、地图等，用于收集用户信息、展示活动详情和参与情况等。

投票：用于发起投票功能。可创建各种类型的投票方式，例如单选、多选、文字投票、图片投票等，并可设置投票的规则、时间、选项等信息。

留言板：用于访客在作品下留下评论。使用该工具可增强与访客之间的互动，让访客能够表达自己的观点和想法。

弹幕：该工具可以让用户在活动中实时发送和查看评论。这些评论会以弹幕的形式展示在页面上，并且可以实时滚动或静止。

点赞：该工具可在页面中增加点赞功能。访客可以通过点击按钮为页面内容点赞，同时系统也会记录所有的点赞数目。

浏览次数：用于记录和展示页面被访问的次数，每当有访客访问页面时，该页面的浏览次数就会增加1次。

报名：用于在页面中添加报名功能。访客可以通过填写表单信息进行报名，同时系统也会收集所有的报名信息。该工具通常与表单功能一起配合使用。

答题：该工具可在页面中添加答题测试的功能。用户可自主选择不同的题目类型，添加题目和答案选项，并设置测试的规则和得分。答题工具可以用于多种场景，例如知识竞赛、在线考试、问卷调查等。访客可通过完成答题测试获得相应的奖励。

5.4 AIGC在H5页面中的应用

AIGC（Artificial Intelligence Generated Content）是一种人工智能生成工具，可以快速生成文案、绘画、短视频等符合用户需求的内容。该工具具有高效、快速和可扩展等特点，被广泛应用在各行各业。

在H5领域中用户也可使用AIGC工具进行创作，例如活动文案创作、产品效果生成、宣传视频制作等。

5.4.1 应用易企秀AIGC工具

在易企秀网站首页上方选择"AI创作"选项，即可进入"小易AI"界面，如图5-76所示。该界面分文案和问卷两种类型。用户只需输入基本的文字提纲，系统就会根据该提纲自动生成相应的内容。

图 5-76

1. 生成文案

在"文案"界面中用户可根据需求选择场景，例如选择"标语"场景，然后选择标语的种类"广告标语"，如图5-77所示。在打开的"广告标语"场景中根据需求填写必要的文字提纲，单击"立即生成"按钮即可，如图5-78所示。

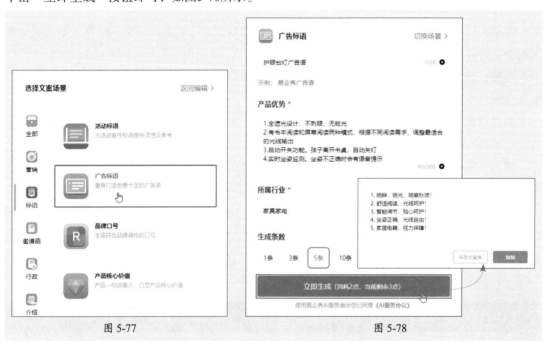

图 5-77   图 5-78

如果生成的标语不符合要求，可单击"重新生成"按钮重新生成。

单击"返回场景"按钮可返回上一层界面选择其他文案场景。

注意事项

易企秀的普通用户仅有3个权益点，生成一次需要消耗2个权益点。

2. 生成问卷

　　问卷创作与文案相似，在"小易AI"界面中选择"问卷"选项即可切换到相关的生成界面。在"问卷主题"框中输入本次主题内容及题目数量，单击"立即生成"按钮即可，如图5-79所示。

图 5-79

　　易企秀中除了使用"小易AI"功能进行内容生成外，还可在H5页面中利用"AI文案"功能对当前的文字内容进行润色、优化、字数增加/精炼等操作，如图5-80所示。

图 5-80

▌5.4.2　应用外部AIGC工具

　　除了使用易企秀内置的AIGC工具进行创作外，还可使用外部的相关工具配合创作。国内较知名的有百度的文心一言、科大讯飞的讯飞星火、阿里巴巴的通义千问等。利用这些工具同样可进行文案创作、活动策划等内容的生成，并且不受使用次数的限制，图5-81所示是文心一言的官方界面。

图 5-81

以文心一言为例，进入文心一言官方网站并登录账号后，可进入对话界面。用户可在问题框中输入提问内容，按Enter键发送。系统会自动根据问题的内容生成相关的答案，图5-82所示是关于小学美术课堂学习问卷调查的生成步骤。

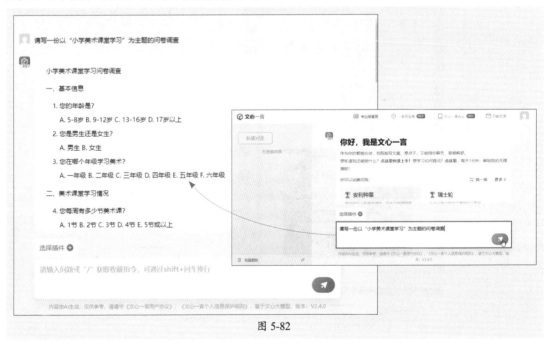

图 5-82

如果用户对生成的文字内容不满意，可单击"重新生成"按钮，或在"你可以继续问我"列表中选择相关的问题进行对话，系统会再次生成一段新的文字内容，如图5-83所示。用户可继续提问，直到生成的内容符合制作需求为止。

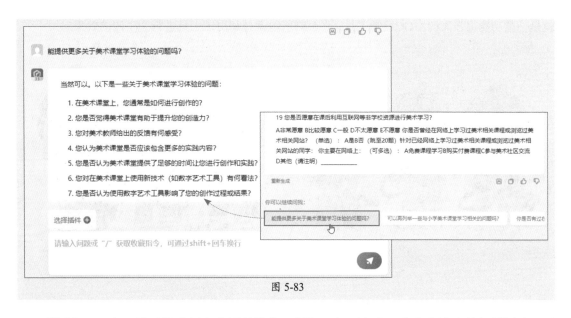

图 5-83

利用文心一言工具还能进行文生图的操作。例如，想要生成一张蓝色沙发的场景图片，用户可以尝试使用以下方式来提问。

提问：请帮我画一张【蓝色】的【布艺沙发】，并搭配【简约风格】的场景图片。

此时，系统生成的场景图片如图5-84所示。用户还可单击"重新生成"按钮重新作画。

图 5-84

注意事项

问题描述得越精确，生成的图片就越符合要求。尽量体现一些关键的字或词，以帮助系统能够准确生成。

像文心一言这类工具比较擅长文案策划、文章写作、语言描述等内容，在绘画创作方面略有不足。如果用户对绘画的要求比较高，那么可以使用一些专业的绘画工具来创作。例如Midjourney

就是一款功能很强大的AIGC绘画工具，图5-85所示就是利用该工具进行文生图的效果。

图 5-85

案例实战：制作民宿宣传的H5页面

本案例将结合以上所学的知识内容，制作某民宿酒店的宣传页内容，其中会用到的功能有：文本图片设置、页面背景设置、动画及音频添加等。下面介绍具体的制作流程。

步骤 01 进入易企秀网站，新建空白页面。在"页面设置"面板的"背景颜色"选项组中选择一款背景色，如图5-86所示。

步骤 02 使用"图片"功能将底纹素材加载到页面中。选择底纹，在"组件设置"面板中将"滤镜"设为"强黑白"，并将其"透明度"设为86%，如图5-87所示。

步骤 03 使用"组件"功能，在其列表中选择"视觉"|"轮播图"选项，在页面中添加轮播图模块，如图5-88所示。

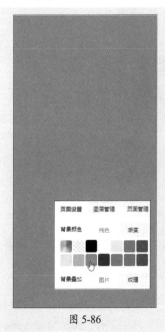

图 5-86

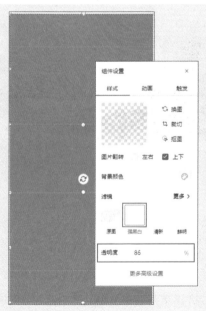

图 5-87

图 5-88

步骤 04 选择轮播图模块，在"组件设置"面板中选择"洗牌"风格，如图5-89所示。

步骤 05 在"组件设置"面板中单击"轮播图样式"的"标题"和"描述"的开关按钮，将其功能关闭，如图5-90所示。

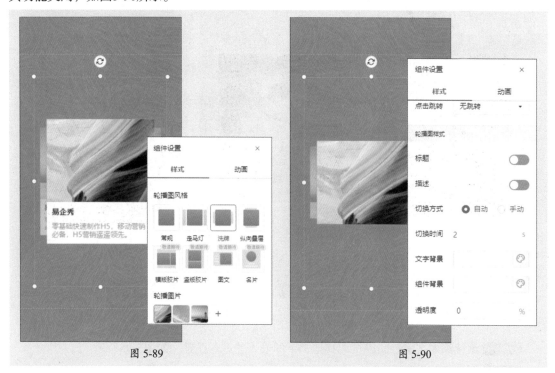

图 5-89 　　　　　　　　　　　　　　　　图 5-90

步骤 06 单击"轮播图片"中的"更换"按钮，将"1-1"图片素材上传至图片库中，单击该图片，在"轮播图裁切"界面中将"裁切比例"设为"3：4"，如图5-91所示。

图 5-91

步骤 07 设置完成后单击"确定"按钮，完成轮播图模块的图片替换，如图5-92所示。

步骤 08 按照同样的方法，继续替换轮播图模块中的其他图片，并调整轮播图的大小，如图5-93所示。

步骤 09 使用"文本"功能，在页面中添加标题文字，并设置文字的格式，如图5-94所示。

图 5-92

图 5-93

图 5-94

步骤 10 继续添加文字，完成页面其他文字的输入并进行设置，如图5-95所示。

步骤 11 利用"装饰"素材库中合适的图片素材装饰整个页面，效果如图5-96所示。

步骤 12 选择"青城居"标题文本，为其添加"缩小进入"动画，如图5-97所示。

图 5-95

图 5-96

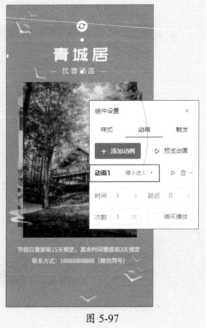
图 5-97

步骤 13 按照同样的方法为其他文字也添加"缩小进入"动画效果，如图5-98所示。选择轮播图，为其添加"中心放大"进入动画。

步骤 14 使用"音乐"功能，在音乐库中选择一款合适的背景乐，单击"立即使用"按钮，即可为当前页面添加背景乐，如图5-99所示。

图 5-98　　　　　　　　　　　　　　　　　　图 5-99

步骤 15 单击页面右侧工具栏中的▶按钮，即可对当前H5页面进行预览。单击"生成"按钮可生成一个二维码，手机扫描该二维码即可用手机预览，如图5-100所示。至此，民宿宣传H5页面制作完成。

图 5-100

1. Q：使用易企秀时，经常会无法选中页面中的元素，怎么解决？

    A： 当页面元素出现叠加时，通常只能选中最上层的元素，如果想要选中下面一层，可使用"图层管理"面板进行操作。在该面板中会显示当前页面中的所有元素，用户可对其进行隐藏、锁定、分组、复制等操作。其操作方法类似于Photoshop软件中的图层功能，如图5-101所示。

图 5-101

2. Q：H5 页面制作完成后，如何在易企秀中进行发布？

    A： 单击页面上方的"预览和设置"按钮，在打开的"分享设置"页面中设置标题、内容描述及作品设置等参数，完成后单击"发布"按钮即可，如图5-102所示。

图 5-102

3. Q：为什么发布的 H5 页面只显示第 1 页？

    A： 这是在"预览和设置"界面的"作品设置"选项组中勾选了"禁止滑动进入下一页"复选框造成的。取消这个选项的勾选就可以了，如图5-103所示。

图 5-103

第6章

企业宣传页面的设计与制作

企业宣传在H5设计领域使用较多，包括企业品牌宣传、企业产品宣传、企业文化宣传等。本章以两个完整的宣传案例，并使用易企秀平台的相关功能对之前所学的相关知识点进行综合讲解，从而达到巩固所学目的。

商家开业期间，营销人员可利用H5页面来增强宣传力度，为线下门店引流。本案例以中医馆开业宣传为例，介绍该H5页面的设计和制作方法。

6.1.1 制作宣传封面页面

封面页应明确地表达此次活动的中心思想以及活动的关键信息。

步骤01 进入易企秀官网，单击"工作台"按钮，选择"作品"选项，打开"作品"界面。单击"空白创建"按钮，创建一张空白页面，如图6-1所示。

步骤02 在页面右侧素材库中选择"单页"素材，并选择一张免费的中国风模板，将其添加至空白页中。删除模板中的相关文字及装饰元素，如图6-2所示。

步骤03 双击笔刷图片，在打开的"组件设置"面板中将"透明度"设为80%，如图6-3所示。

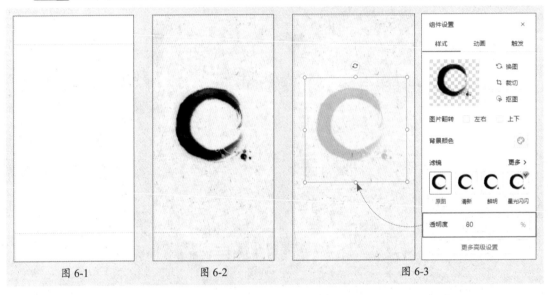

图 6-1   图 6-2   图 6-3

步骤04 单击页面上方的"文字"按钮，在文本框中输入"中"字样。选中该文字，在"组件设置"面板中对该文字的样式进行设置，如图6-4所示。

步骤05 按照同样的方法，输入其他文字，并调整好文字的大小和位置，完成主标题的设置，如图6-5所示。

步骤06 启动Pixso软件，新建一个200像素×200像素的页面。单击页面上方的+按钮，在弹出的列表中选择"形状"|"矩形"选项，如图6-6所示。

步骤07 在页面中拖动鼠标绘制矩形并调整大小，如图6-7所示。

知识点拨

这里需要绘制印章图形，用户可选用其他软件进行辅助绘制。例如Photoshop、Illustrator等，选择自己较熟悉的软件绘制即可。这里编者使用了Pixso软件进行绘制。

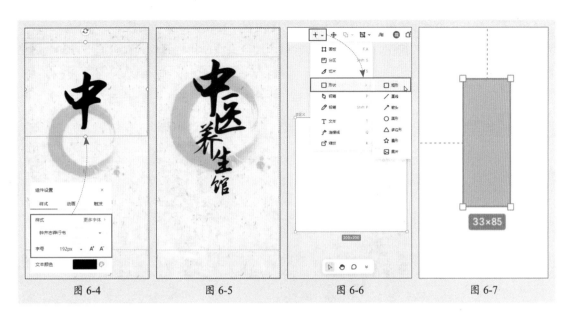

| 图 6-4 | 图 6-5 | 图 6-6 | 图 6-7 |

步骤 08 选中矩形，在右侧"设计"面板中将其"填充"设为红色，如图6-8所示。

步骤 09 在页面上方单击 ⬚ 按钮，选择"编辑对象"选项。按住Ctrl键选择要编辑的点，拖动鼠标对其轮廓进行调整，效果如图6-9所示。

步骤 10 调整完成后，单击"完成"按钮。在"设计"面板中单击"导出"右侧的+按钮，将文件"后缀"设为PNG，然后单击"导出矩形1"按钮，将图形进行导出，完成印章图形的制作，如图6-10所示。

步骤 11 返回易企秀平台，单击页面上方的"图片"按钮，打开"图片库"界面，单击"本地上传"按钮，在打开的对话框中选择印章图形，将其加载至图片库中。单击即可添加至页面，如图6-11所示。

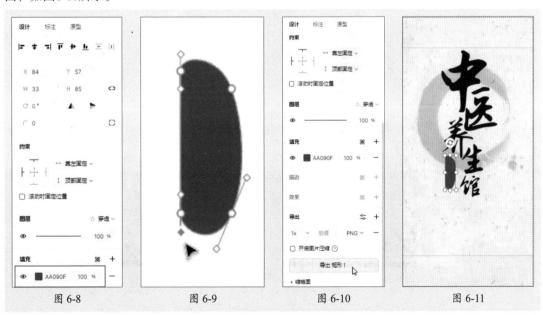

| 图 6-8 | 图 6-9 | 图 6-10 | 图 6-11 |

步骤 12 单击"文字"按钮，在印章上添加文字内容，并设置该文字的样式，如图6-12所示。

步骤 13 单击"图片"按钮，将"屋顶"素材添加至页面，并将其放置在页面下方的合适位置，如图6-13所示。

图 6-12   图 6-13

步骤 14 在素材库中选择"装饰"素材，并选择一张国风素材添加至页面的合适位置，如图6-14所示。

步骤 15 单击"文字"按钮，输入副标题的文字内容，并设置文字的样式，放置在页面下方的空白处，如图6-15所示。

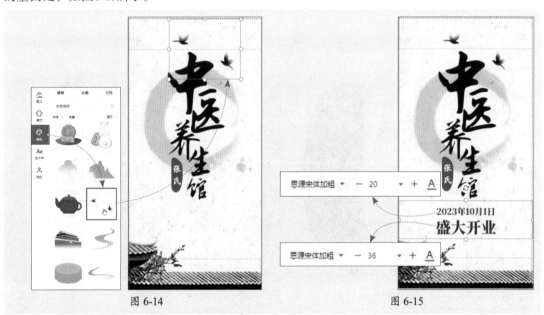

图 6-14   图 6-15

步骤 16 同样，利用"文字"功能输入封面其他文字作为装饰元素，放置在主标题左右两侧，如图6-16所示。至此，宣传封面页制作完毕。

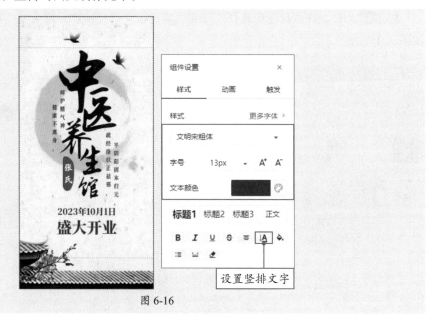

图 6-16

知识点拨

在制作时，用户可使用"图层管理"功能对页面元素进行管理。例如快速选择某个元素、锁定或解锁元素、隐藏或显示元素等。在页面右侧选择"图层管理"选项卡即可，如图6-17所示。

图 6-17

6.1.2 制作宣传内容页面

内容页主要对中医馆环境、馆内经营的项目以及开业优惠信息进行具体的描述。通常一页只描述一项内容。

步骤 01 单击页面右侧"页面管理"选项卡，在"缩略图展示"列表中单击"第1页"的 ▣ 按钮，复制该页面，创建第2张页面，如图6-18所示。

步骤 02 删除第2张页面中所有的文字及图片素材，只保留背景，如图6-19所示。

图 6-18

图 6-19

步骤03 在素材库的"装饰"素材中选择一张"自然元素"素材，分别添加至页面上下两侧合适位置，如图6-20所示。

步骤04 同样，在素材库中选择"图文"素材，并选择一款标题素材，将其添加至页面中，如图6-21所示。

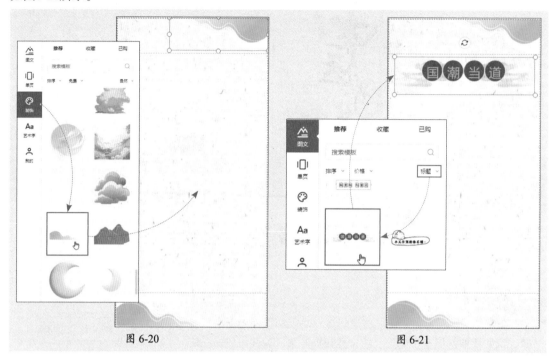

图 6-20　　　　　　　　　　　　　　　　图 6-21

步骤05 选中该标题，在打开的"模板设置"面板中，将所有的"形状颜色"均改为红色，其他颜色为默认。在"新文本1-文本内容"框中输入标题文字，如图6-22所示。

步骤06 设置完成后，标题效果如图6-23所示。

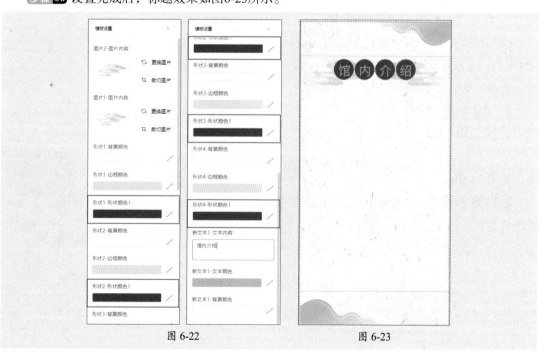

图 6-22　　　　　　　　　　　　　　　　图 6-23

步骤 07 单击"文字"按钮，输入该页的文字内容，并调整文字的格式，如图6-24所示。

步骤 08 单击页面上方的"组件"按钮，选择"拼图"选项，如图6-25所示。

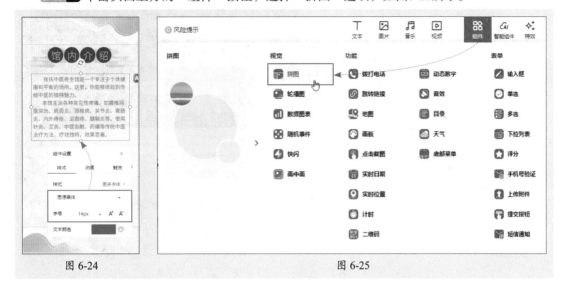

图 6-24   图 6-25

步骤 09 在"选择拼图模板"界面中选择"3图"拼图模板，如图6-26所示。

步骤 10 单击即可将其加载至页面中，调整拼图模板的位置，如图6-27所示。

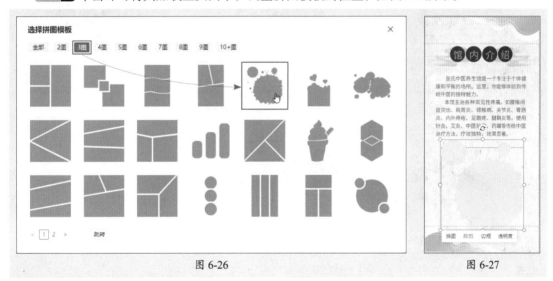

图 6-26   图 6-27

知识点拨

　　如果选择的拼图模板不合适，在"组件设置"面板中重新选择"模板样式"即可，无须再次打开"拼图模板"界面进行选择。

步骤 11 单击拼图模板中的大墨点形状，并选择"换图"选项。在"图片库"界面中加载所需图片素材，单击即可进入图片裁剪界面，这里需调整图片的显示区，如图6-28所示。

图 6-28

步骤12 单击"确定"按钮即可将该图片素材插入至墨点中，效果如图6-29所示。

步骤13 按照同样的方法，插入其他两个墨点图片。适当旋转拼图方向，如图6-30所示。

步骤14 选择"页面管理"选项卡，单击"第2页"的复制按钮复制该页面，创建第3张页面。删除其中的文字和拼图，选中标题，在"组件设置"面板中更改标题内容，结果如图6-31所示。

图 6-29

图 6-30

图 6-31

步骤15 单击"图片"按钮，在"图片库"中将三张项目图片素材插入至该页面中，如图6-32所示。

步骤16 选择第一张项目图片，在"组件设置"面板中为图片添加边框。将"边框颜色"设为黄色，将"边框尺寸"设为4，将"圆角"设为10，如图6-33所示。

步骤17 按照同样的方法，将其他两张项目图片也添加相应的边框，如图6-34所示。

图 6-32

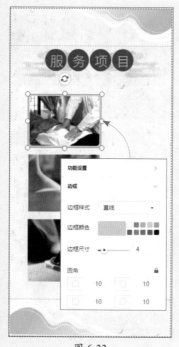

图 6-33

图 6-34

步骤 18 单击"文字"按钮,添加第一张图片的说明文字,如图6-35所示。

步骤 19 按照相同的方法,添加其他图片的说明文字,如图6-36所示。

步骤 20 在素材库的"装饰"素材中选择一款分割线素材,添加至页面中,如图6-37所示。

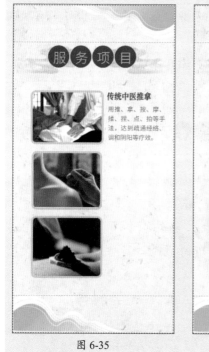

图 6-35

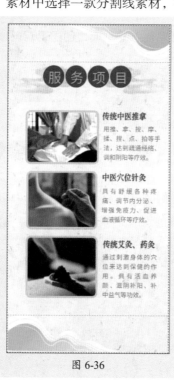

图 6-36

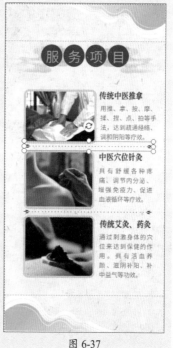

图 6-37

步骤 21 按照以上页面内容的制作方法,完成"医师团队""项目介绍""开业优惠"三张页面内容的制作，效果如图6-38所示。

图 6-38

▍6.1.3　制作宣传结尾页面

本案例结尾页包含两张页面，分别为"医馆地址"和"在线预约"。下面介绍这两张页面内容的制作方法。

步骤01 复制"开业优惠"页面，创建第7页。删除页面多余的内容，保留页面标题，并修改标题内容，如图6-39所示。

步骤02 单击"组件"按钮，选择"地图"选项，添加地图组件，如图6-40所示。

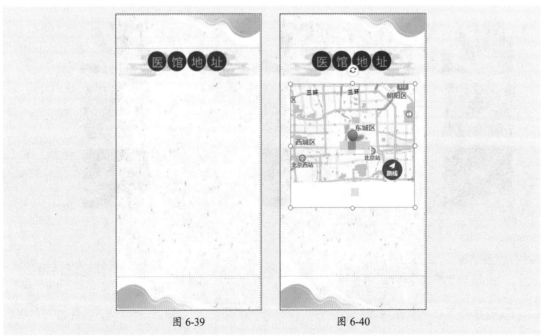

图 6-39　　　　　图 6-40

步骤03 在"组件设置"面板中输入正确的地址信息，系统会自动调整地图定位，如图6-41所示。

步骤04 单击"文字"按钮，在地图组件下方添加商家具体的地址及联系方式，如图6-42所示。

图 6-41   图 6-42

步骤05 复制该页面，创建第8页。保留标题，并修改标题内容，清除其他内容，如图6-43所示。

步骤06 单击"组件"按钮，选择"输入框"选项，添加输入框组件，如图6-44所示。

图 6-43   图 6-44

步骤 07 在"组件设置"面板中可以对输入框的样式进行设置，如图6-45所示。

步骤 08 在页面中添加第二个输入框组件，同时设置该输入框的样式，如图6-46所示。

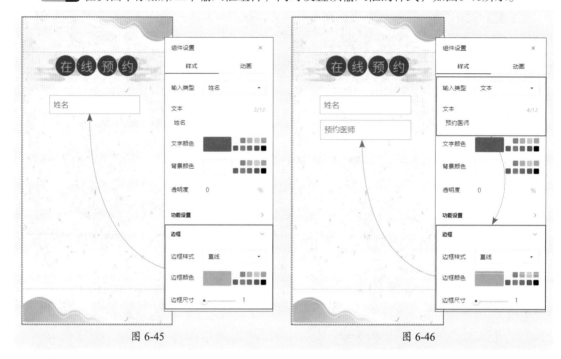

图 6-45　　　　　　　　　　　　　　　　　图 6-46

步骤 09 按照同样的方法，添加第三个输入框组件，如图6-47所示。

步骤 10 单击"组件"按钮，选择"手机号验证"选项，可在页面中添加该组件。在"组件设置"面板中对其边框进行相同设置，如图6-48所示。

步骤 11 单击"组件"按钮，选择"提交按钮"选项，可在页面添加提交按钮。然后在该"组件设置"面板中对其按钮的颜色进行设置即可，如图6-49所示。

图 6-47　　　　　　　　　图 6-48　　　　　　　　　图 6-49

6.2 制作课程宣传页面

本案例以Photoshop课程宣传为主题,利用Photoshop软件结合易企秀的动画功能制作一份具有动态效果的H5宣传页面。

6.2.1 制作快闪动画效果

快闪动画的制作方法有很多,使用工具不同,其操作方法也不同。下面利用易企秀平台的快闪功能制作一个简单的快闪宣传效果。

步骤 01 单击"组件"按钮,选择"快闪"选项。此时在"页面管理"选项卡中会自动添加"快闪"页面,如图6-50所示。

步骤 02 选择"快闪"选项卡,在此可制作每一幕的快闪效果。单击"第1幕"右侧的按钮,可为当前屏幕设置背景,如图6-51所示。

步骤 03 单击"文字"按钮,输入快闪第一幕的文字内容,并调整文字的格式,如图6-52所示。

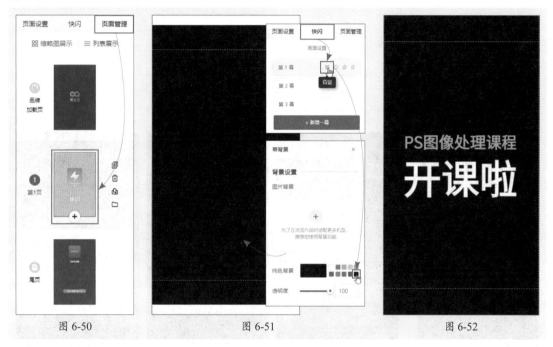

图 6-50　　　　　图 6-51　　　　　图 6-52

步骤 04 选中"PS图像处理课程"文字,在"组件设置"面板的"动画"选项卡中单击按钮,删除默认的淡入动画,如图6-53所示。

步骤 05 单击"添加动画"按钮,在动画列表中选择"向左弹入"动画选项,即可应用于当前被选文字,如图6-54所示。

步骤 06 选中"开课啦"文字,同样删除默认的动画,为其添加"向右弹入"动画效果,如图6-55所示。

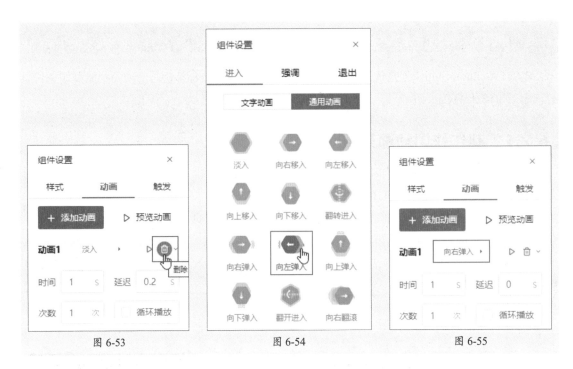

图 6-53　　　　　　　　　　　图 6-54　　　　　　　　　　　图 6-55

步骤 07 在"快闪"选项卡中设置"第2幕"的背景以及文字内容，同时也给每一行文字添加"向左弹入"或"向右弹入"的文字动画，如图6-56所示。

步骤 08 按照同样的操作，制作第3幕、第4幕、第5幕的快闪内容，并添加相应的文字动画，如图6-57所示。在"快闪"选项卡中单击"新增一幕"按钮可添加新的一幕。

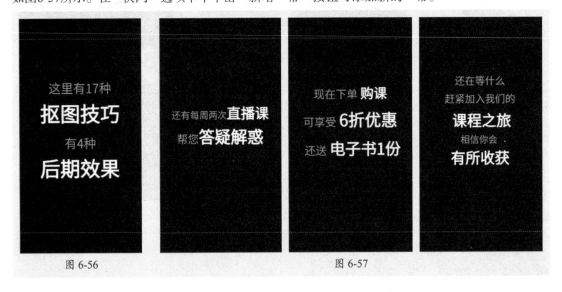

图 6-56　　　　　　　　　　　　　　　　　图 6-57

步骤 09 在素材库中选择一款"装饰"图标素材，将其添加至快闪最后一幕中，作为页面跳转图标，如图6-58所示。

步骤 10 单击"第1幕"右侧的 ⏱ 按钮，将停留时间设为"自定义"，并将"时间"设为1.5s，如图6-59所示。

步骤 11 将其他画面的停留时间均设为1.5s。单击"预览和设置"按钮，在打开的预览界面中可查看快闪效果，如图6-60所示。

| 图 6-58 | 图 6-59 | 图 6-60 |

6.2.2　制作课程宣传封面页

　　下面用易企秀的"导入"功能将制作好的封面PSD导入页面，并为其添加相应 的动画效果。

　　步骤 01 在"页面管理"选项卡中单击"快闪"页面下方的+按钮，可创建第2张 页面，如图6-61所示。

　　步骤 02 选择第2页，单击页面右侧的 **Ps** 按钮，在"PSD上传"界面中单击"+上传原图PSD 文件"按钮，在打开的对话框中选择"PS课程封面.psd"文件，如图6-62所示。

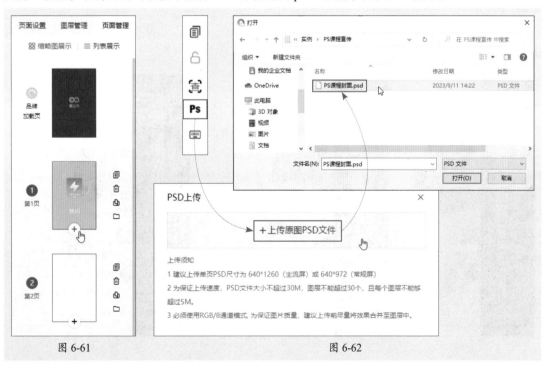

| 图 6-61 | 图 6-62 |

153

步骤 03 单击"打开"按钮，即可将该封面导入H5页面中，如图6-63所示。

步骤 04 单击"图片"按钮，在"图片库"界面中将"图片1"素材添加至封面中，调整其大小和位置。右击该图片，在弹出的快捷菜单中选择"下移"选项，将其移至左侧黑色矩形下方，如图6-64所示。

步骤 05 选择该图片，在"组件设置"面板中为图片添加边框及阴影，如图6-65所示。

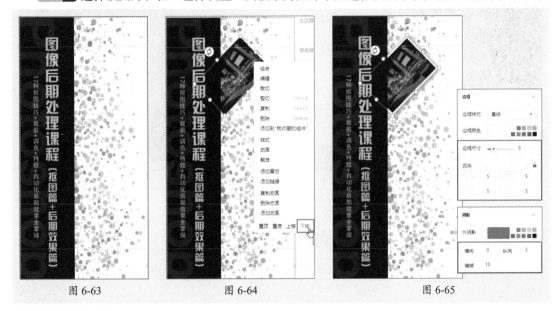

图 6-63　　　　　　　　　图 6-64　　　　　　　　　图 6-65

步骤 06 按照此方法，添加封面页其他的图片素材，并为其添加边框和阴影，效果如图6-66所示。

步骤 07 在封面页选择第一张图片素材，在"组件设置"面板中选择"动画"选项卡，为其添加"向左弹入"动画，如图6-67所示。

步骤 08 选择第二张图片素材，为其添加"向右弹入"动画，并将其"延迟"设为0.4s，如图6-68所示。

图 6-66　　　　　　　　　图 6-67　　　　　　　　　图 6-68

步骤 **09** 选择第三张图片素材,添加"向上弹入"动画,并将其"延迟"设为0.6s,如图6-69所示。

步骤 **10** 选择第四张图片素材,添加"向左弹入"动画,并将其"延迟"设为0.8s,如图6-70所示。

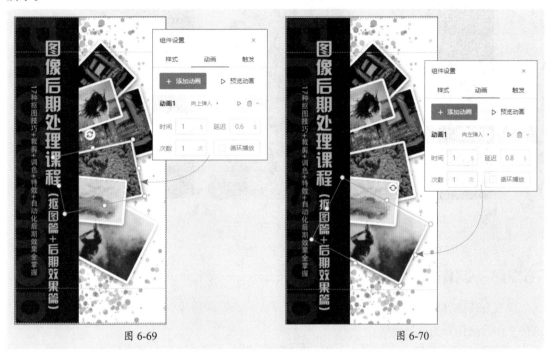

图 6-69　　　　　　　　　　　　　　　　　图 6-70

步骤 **11** 为剩余的两张图片素材添加动画,并设置其"延迟"参数,如图6-71所示。

步骤 **12** 为封面页的标题、文字均添加"缩小进入"动画效果,并将"延迟"设为1.4s,如图6-72所示。

图 6-71　　　　　　　　　　　　　　　　　图 6-72

步骤 13 单击"预览和设置"按钮，在预览界面中可查看该页面的动画效果，如图6-73所示。

图 6-73

6.2.3 制作课程宣传内容页

课程宣传内容包含课程简介、课程目录、课程特点、课程展示、试听体验等内容。下面对这些页面的制作方法进行说明。

步骤 01 新建一张空白页，单击"图片"按钮，将"主页背景"图片素材添加至页面中，如图6-74所示。

步骤 02 单击"文字"按钮，输入标题底纹文字，设置文字颜色和大小，并将其"透明度"设为60%，如图6-75所示。

步骤 03 再次单击"文字"按钮，输入主标题内容，设置标题格式，并将其叠加在底纹文字上方，如图6-76所示。

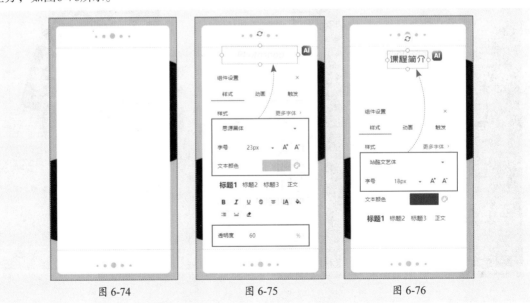

图 6-74   图 6-75   图 6-76

步骤 04 使用"文字"输入正文内容，并设置好格式，放置在页面的合适位置，如图6-77所示。

步骤 05 单击"图片"按钮插入课程相关的图片素材，如图6-78所示。

步骤 06 使用"文字"命令对图片进行注释。此外，使用素材库中的"形状"素材绘制三角形指示标识，如图6-79所示。

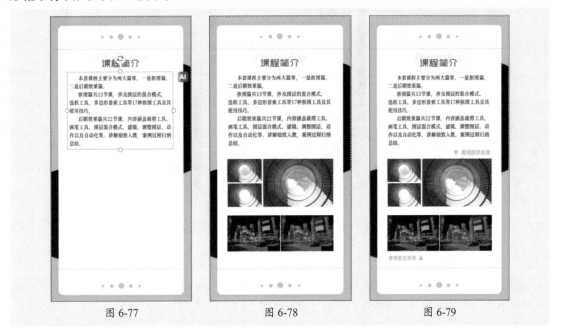

图 6-77　　　　　　　　　图 6-78　　　　　　　　　图 6-79

步骤 07 为页面中的两张图片分别添加"向右弹入"和"向左弹入"动画效果，其他动画参数保持为0，如图6-80所示。

步骤 08 复制该页面，创建第4页。删除页面多余的文字内容和图片，并更新内容，如图6-81所示。

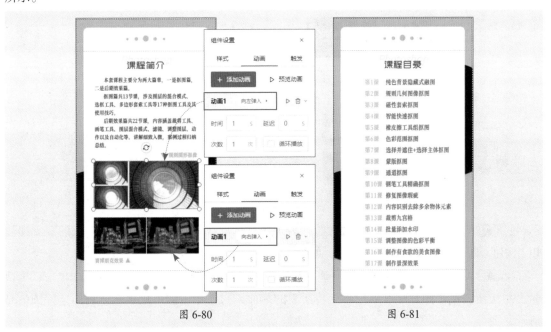

图 6-80　　　　　　　　　　　　图 6-81

步骤 09 复制第4页，创建第5页～第7页。删除多余的内容和图片，并分别对内容进行更新，如图6-82所示。

图 6-82

步骤 10 复制第7页，创建第8页。更新页面中的标题内容。单击"视频"按钮，选择"从视频库中添加"选项，打开"视频库"界面，单击"本地上传"按钮，在打开的对话框中选择要上传的视频，单击"打开"按钮加载视频，如图6-83所示。

图 6-83

步骤 11 稍等片刻，在"我的视频"列表中会显示加载的视频。单击该视频上的"立即使用"按钮，即可将其添加至H5页面中，如图6-84所示。

步骤 12 对视频窗口的大小进行调整。然后选中该视频，在"组件设置"面板中单击"更换封面"按钮，在"图片库"界面中上传所需的封面素材，单击即可更换视频封面，如图6-85所示。

步骤 13 按照同样的方法，在该页面中添加第二个视频素材，并更换其封面，如图6-86所示。

图 6-84   图 6-85   图 6-86

6.2.4　制作课程宣传结尾页

结尾页内容很简单，除了常规的联系方式外，还可通过添加各类二维码的方式来达到宣传目的。

步骤 01 复制第8页，创建第9页。删除多余的文字和视频组件，然后调整该页面的文字内容，如图6-87所示。

步骤 02 单击"组件"按钮，选择"二维码"选项，即可在页面中生成易企秀平台的二维码，如图6-88所示。

步骤 03 在"组件设置"界面中单击"手动上传"按钮，单击"上传图片"按钮，在"图片库"中上传所需二维码素材即可进行替换操作。使用文字命令对该二维码进行说明，如图6-89所示。

图 6-87   图 6-88   图 6-89

步骤 04 单击"我的音乐"按钮，在"音乐库"中可以选择内置的音乐，也可以上传自己的音乐，选择之后单击"确定"按钮，即可为当前H5页面添加背景乐，如图6-90所示。

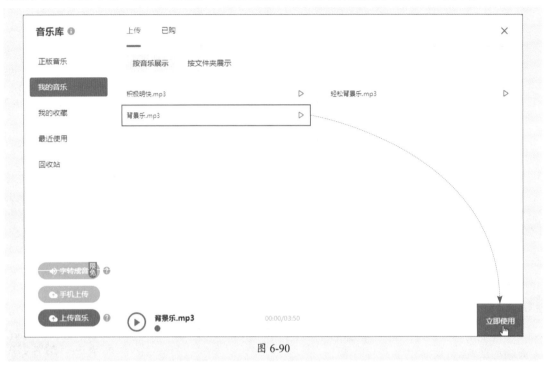

图 6-90

6.2.5 发布与分享课程宣传H5页面

课程宣传H5页面制作完毕，就可以对该内容进行发布和推广，以便扩大宣传力度，提升品牌曝光量。

步骤 01 单击"预览和设置"按钮，在打开的界面中可对当前制作的内容进行预览。单击"生成"按钮生成预览二维码，用户也可使用手机扫码进行预览，如图6-91所示。

图 6-91

步骤 02 在"分享设置"界面中用户可对该项目进行命名以及项目描述，如图6-92所示。

步骤 03 H5翻页动画默认为上下翻页，用户可根据需要对翻页动画进行设置。在"翻页动画设置"选项中勾选"特殊翻页"列表中的"画面分割"选项，并单击"应用到全部页面"按钮，将该翻页动画应用至项目的所有页面，如图6-93所示。单击"保存"按钮。

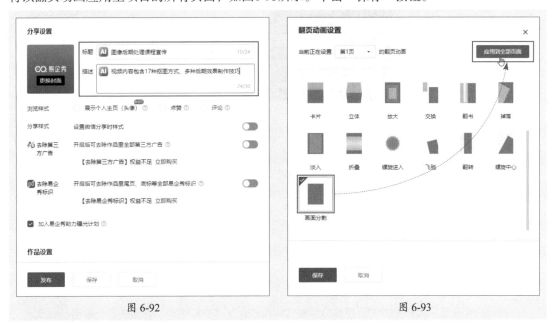

图 6-92　　　　　　　　　　　　　　　　　图 6-93

步骤 04 设置完成后单击"发布"按钮即可发布该项目，如图6-94所示。

图 6-94

步骤 05 想要将该H5项目通过朋友圈进行分享，可在易企秀平台的"作品"界面中选择该项目，单击"分享"按钮，如图6-95所示。

步骤 06 进入"分享设置"界面，使用手机微信扫描二维码打开该项目，单击屏幕上方…按钮，选择"分享到朋友圈"按钮，在朋友圈编辑界面中编辑好要分享的话术，单击"发表"按钮即可，如图6-96所示。

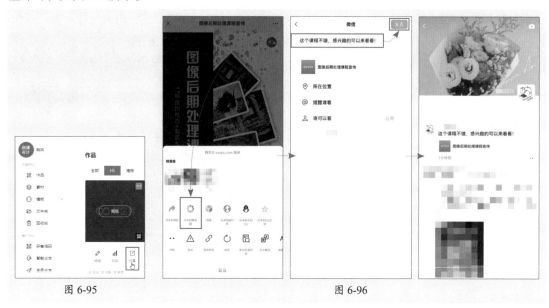

图 6-95   图 6-96

知识点拨

在"分享设置"界面中单击"更多分享格式"按钮，在"生成格式"界面中系统会自动生成一组附带二维码的海报，如图6-97所示。用户可将该海报分发到各个社群进行分享。

图 6-97

1. Q：系统自动生成的分享海报不太合适，怎么设置？

A： 在生成海报的界面中单击"编辑海报"按钮，会打开海报编辑界面，在此可利用界面右侧相应的编辑功能进行修改，如图6-98所示。

图 6-98

2. Q：H5 项目发布后，如何能了解该项目的与发布相关的数据信息？

A： 在"作品"界面中选择目标项目，单击"数据"按钮，即可打开数据界面，在此可收集到该项目的"基础数据""客户画像""传播脉络""留言汇总"等数据，如图6-99所示。

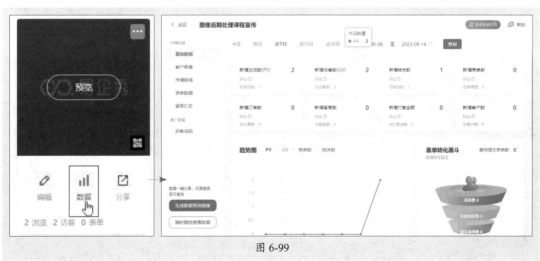

图 6-99

创意涂鸦乐园

第7章

营销活动页面的设计与制作

利用H5页面发布活动已成为目前企业或电商惯用的营销方式。常见的H5活动包括抽奖、知识问答、产品投票、问卷调查、小游戏等。本章将制作三个活动营销案例，并通过人人秀和MAKA平台中的相关功能进行综合讲解，以便读者巩固和练习之前所学的知识。

7.1 制作企业培训问卷调查页面

问卷调查是一种基础的信息收集手段，以往的纸质版问卷很难满足目前信息收集的要求。随着互联网技术的飞速发展，电子问卷已成为主流，尤其是问卷调查类H5页面，可以在各类社交平台上不断传播分享，而且制作成本低，周期短，信息收集也很精准。

7.1.1 制作问卷调查类H5页面的背景

本例将设置长页面问卷内容。在制作长页面背景时，尽量使用纯色背景。如果使用图片或其他图案作背景，在拉长页面时会出现画面变形的情况。

步骤 01 进入人人秀官网，单击"工作台"按钮进入工作台界面，单击"新建"按钮，选择"H5"选项，新建空白页面，如图7-1所示。

步骤 02 在"页面设置"面板中单击"背景颜色"按钮，选择深蓝色作为页面背景，如图7-2所示。

步骤 03 单击页面上方的"图片"按钮，在"图片库"界面中单击"上传图片"按钮，将图片素材上传至图片库，单击即可加入页面中，调整图片位置，如图7-3所示。

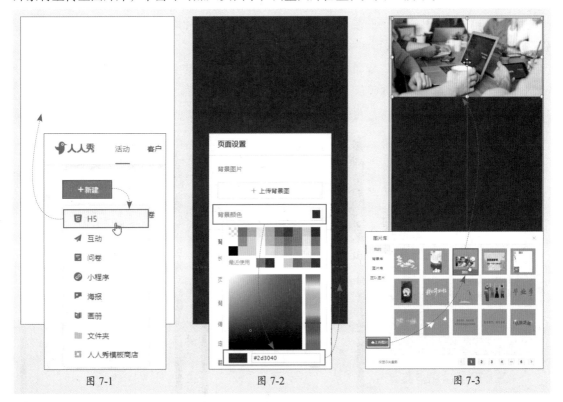

图 7-1   图 7-2   图 7-3

步骤 04 选中图片，在"图片"面板中单击"更多样式"按钮，将"透明"值设为72，如图7-4所示。

步骤 05 单击"文字"按钮，在文本框中输入标题内容，并在"文字"面板中对文字格式进行设置，如图7-5所示。

步骤 06 按照同样的方法，输入副标题内容，如图7-6所示。

| 图 7-4 | 图 7-5 | 图 7-6 |

步骤 07 单击"图片"按钮，在"图片库"界面中选择"图片库"选项，并选择"图形"类别，然后选择矩形，将其插入页面中，如图7-7所示。

步骤 08 选中矩形，调整位置和大小。在"图形"面板中将其颜色设为白色，将"圆角"设为25，其他保持默认，如图7-8所示。

步骤 09 单击"文字"按钮，在矩形上方输入引言内容，并调整文字的格式，如图7-9所示。

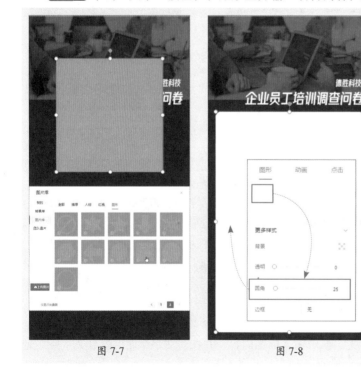

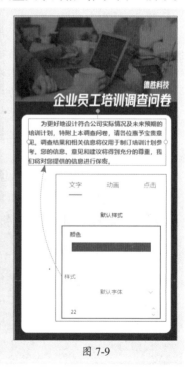

| 图 7-7 | 图 7-8 | 图 7-9 |

步骤 10 选中页面背景，在"页面设置"面板中单击"长页面"开关按钮，开启长页面状

态。用户可将光标移至页面下方"拖动此处调整页面长度"区域，按住鼠标左键向下拖动，拉长页面，在目标位置处松开鼠标即可，如图7-10所示。此外，用户在"页面设置"面板中直接输入"页面高度"值也可快速调整页面长度。

步骤 **11** 选中白色矩形，根据页面长度适当地调整矩形的大小，如图7-11所示。

步骤 **12** 在页面右侧工具栏中单击+或-按钮，可扩大或缩小页面显示比例。默认为100%，如图7-12所示。

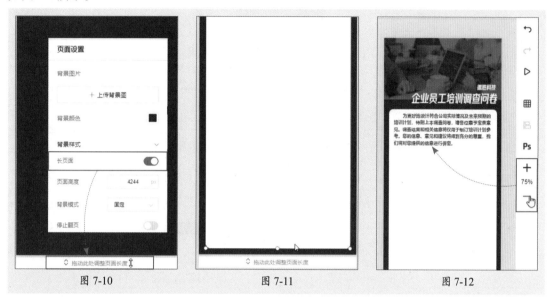

图 7-10   图 7-11   图 7-12

知识点拨

　　长页面的长度是随时调整的，一般是边做页面内容，边调整页面长度。当然，也可把所有内容制作好之后，再根据内容调整其长度。

7.1.2　设置问卷调查组件

页面背景制作好之后，接下来就可利用表单功能添加问卷内容。

步骤 **01** 单击"表单"按钮，打开"表单设置"选项界面。选择表单内容，单击右侧的 ⬛ 按钮，清空页面默认的表单，如图7-13所示。

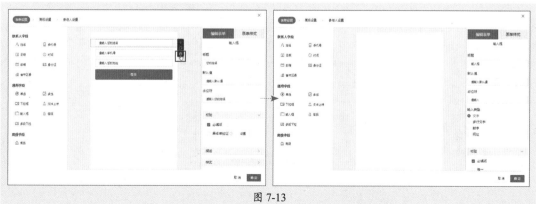

图 7-13

步骤 02 在左侧选择"单选"字段，添加表单字段。在右侧"编辑表单"面板中输入该字段的标题内容。输入后，该内容会显示在该表单中，如图7-14所示。

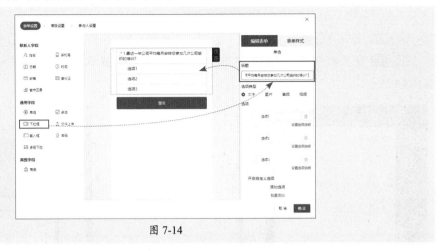

图 7-14

步骤 03 在"编辑表单"面板的"选项"组中分别输入该标题的各选项内容，如图7-15所示。

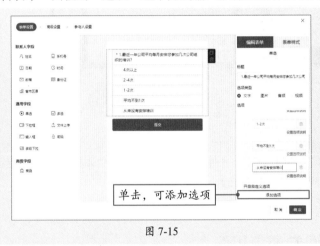

图 7-15

步骤 04 选择"多选"字段，然后在"编辑表单"面板中输入多选题的标题和选项内容，如图7-16所示。

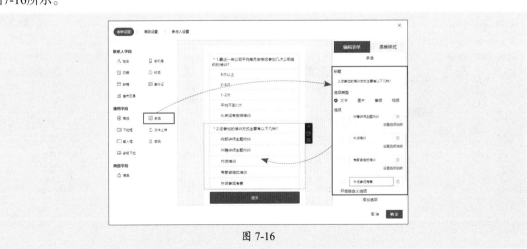

图 7-16

步骤 05 按照同样的操作，添加第3～第7题的表单字段，如图7-17所示。

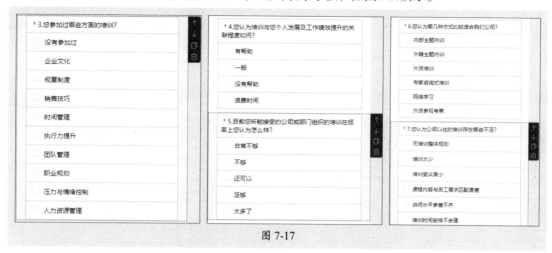

图 7-17

步骤 06 选择"输入框"字段，并在"编辑表单"面板中输入"标题"内容，将"输入类型"设为"多行文字"，其他保持默认，如图7-18所示。

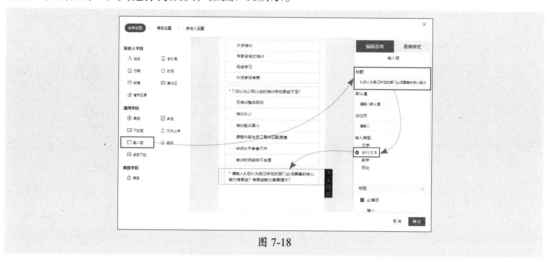

图 7-18

步骤 07 按照同样的方法，添加第9题和第10题输入框的表单内容，如图7-19所示。

图 7-19

步骤 08 选择"姓名"字段，将其添加至页面中，如图7-20所示。

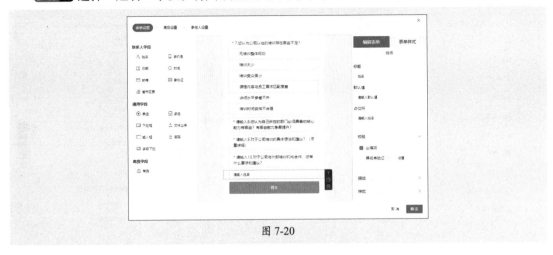

图 7-20

步骤 09 再次选择"输入框"字段，并在"编辑表单"面板中将"标题"设为"所在部门"，其他保持默认，如图7-21所示。

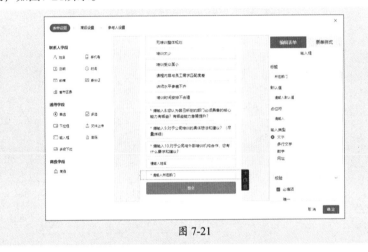

图 7-21

步骤 10 在"表单设置"选项界面中单击"表单样式"选项卡，在此对表单的"主题色"和"版式"两个选项进行设置，如图7-22所示。

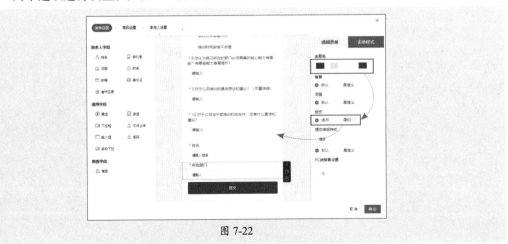

图 7-22

H5页面设计与制作标准教程（全彩微课版）

步骤 11 设置完成后单击"确定"按钮，完成问卷表单的创建操作，如图7-23所示。

步骤 12 单击"音乐"按钮和"更换"按钮，在打开的"音乐库"界面中单击"上传音乐"按钮，上传自己的音乐文件，即可为H5问卷添加背景音乐，如图7-24所示。

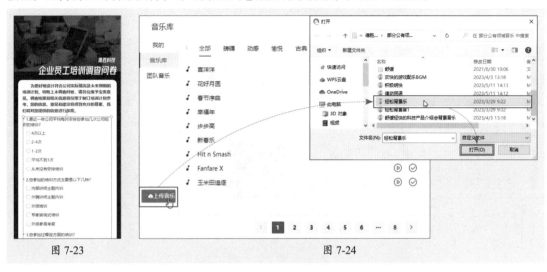

图 7-23 　　　　　　　　　　　　　　　　图 7-24

7.1.3　发布并收集调查问卷信息

电子问卷制作完毕后，接下来就需要将其进行发布，以便让更多人参与进来。

步骤 01 单击"预览和设置"按钮，进入预览和发布界面，单击"手机扫码"按钮，通过扫码在手机上可预览问卷内容，如图7-25所示。

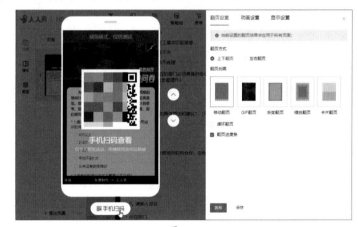

图 7-25

步骤 02 预览无误后单击"发布"按钮，在"发布"界面中设置"分享标题"内容。设置完成后单击"确定"按钮，完成发布操作，如图7-26所示。

图 7-26

步骤 03 在"分享推广"界面中，用户可通过链接分享、海报分享、公众号推广等方式，将该调查问卷进行分享，如图7-27所示。

图 7-27

步骤 04 发布问卷后，用户可在"分享推广"界面中选择"数据汇总"选项，在此可查看该表单的"参与人次""分享人次"等信息，如图7-28所示。

图 7-28

步骤 05 单击"数据"链接，可打开相关数据汇总界面。在此可查看参与者、数据汇总报表等信息，如图7-29所示。

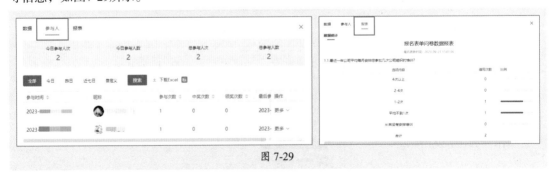

图 7-29

知识点拨

如果需要将收集的数据进行导出，可单击"下载Excel"链接按钮，将其下载到本地。

7.2 制作手抄报网络投票活动

投票是一种非常有趣而且受欢迎的社交活动。人们可以通过投票来表达自己的意见和观点，从而建立更好的品牌意识与认知，增加对品牌的曝光度，是一种较为常用的品牌营销方式。下面介绍投票活动的H5页面的制作方法。

7.2.1 制作投票活动封面页

本例的活动主题是少儿手抄报大赛，所以选用黄色作为页面背景，再用红、橙、蓝、绿等颜色进行点缀，使得页面整体给人明朗、活泼的感受。

步骤 01 打开MAKA官方网站，进入"创建"界面，单击"翻页H5"选项中的"创建"按钮，创建一张空白页面，如图7-30所示。

步骤 02 在MAKA编辑器界面中单击"背景"按钮，在"卡通手绘"列表中选择一款背景元素作为页面背景，如图7-31所示。

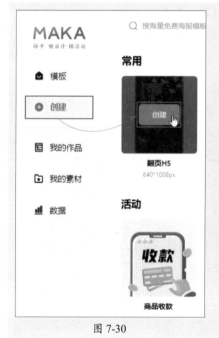

图 7-30

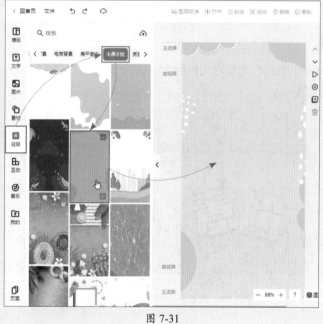

图 7-31

步骤 03 单击"素材"按钮，在"形状图案"列表中选择一款装饰元素并添加至页面中，并调整大小及位置，如图7-32所示。

步骤 04 单击"文字"按钮和"添加文字"按钮，在页面中输入"创"字。在右侧"设计"面板中设置该文字的样式，如图7-33所示。

知识点拨

在"设计"面板中用户可直接套用文字"特效"，也可以通过"填充""描边"和"阴影"三个选项自定义文字效果。

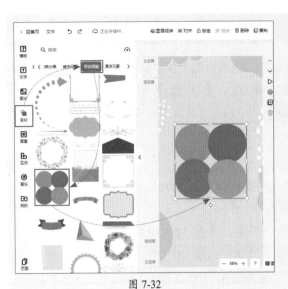

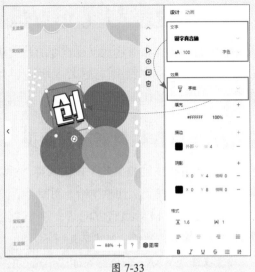

图 7-32 图 7-33

步骤 05 复制该文字，并将其修改为"意"，调整文字位置，如图7-34所示。

步骤 06 同样复制并修改文字，完成主标题其他文字的创建操作，如图7-35所示。

步骤 07 再次单击"文字"按钮和"添加文字"按钮，在页面中输入副标题文字，同时调整文字的格式，放置在主标题上方的合适位置，如图7-36所示。

图 7-34 图 7-35 图 7-36

步骤 08 单击"素材"按钮，在"招生"列表中选择合适的装饰元素放置在页面中，用于装饰页面，如图7-37所示。

步骤 09 单击"文本"按钮，在页面中输入装饰性的文字内容，并设置文字效果，放置在页面底部，将透明度设为20%，如图7-38所示。

174

图 7-37

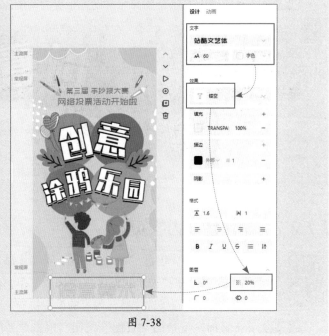

图 7-38

步骤 10 选中"创"字,单击右侧的"动画"选项卡,打开"动画"面板。单击"进场动画"后的+按钮,选择"弹性放大"效果,如图7-39所示。

步骤 11 在"动画"面板中将"持续时间"设为1s,其他保持默认,如图7-40所示。

步骤 12 按照同样的方法,为其他标题文字均添加"弹性放大"动画,其"持续时间"均设为1s。

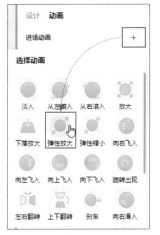

图 7-39

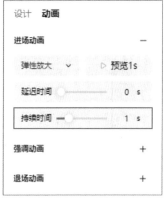

图 7-40

知识点拨

在页面中添加元素后,经常会遇到元素无法选中的情况。此时单击页面下方的"图层"按钮,打开图层列表,在此选择相关元素即可,如图7-41所示。

图 7-41

步骤 13 为标题周围的几个装饰元素设置相应的动画效果，如图7-42所示。

图 7-42

7.2.2 制作活动内容页

本例内容页包含"活动介绍""候选作品"以及"关于我们"三页内容。其中"活动介绍"和"关于我们"内容比较简单，根据需要插入相关文字或图片即可。这里重点介绍"候选作品"内容的设置操作。

步骤 01 单击页面左下角的"页面"按钮，单击"新增"按钮，创建一张新空白页。单击"背景"按钮，在"卡通手绘"列表中选择一款背景元素作为内容页背景，如图7-43所示。

步骤 02 单击"文字"按钮，在"文字组合"列表中选择一款合适的标题模板，并修改其模板内容和文字格式，作为本页标题放置在页面上方，如图7-44所示。

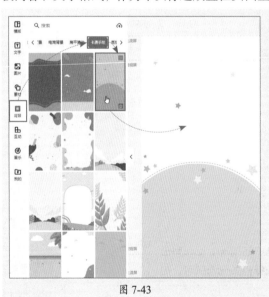

图 7-43

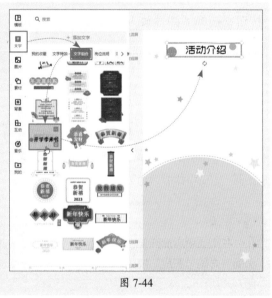

图 7-44

步骤 03 单击"文字"按钮和"添加文字"按钮，输入页面正文内容，并设置文字格式，如图7-45所示。

步骤 04 单击"文字"按钮，在"活动促销"列表中选择一款文字模板作为内容小标题。修改该标题内容，如图7-46所示。

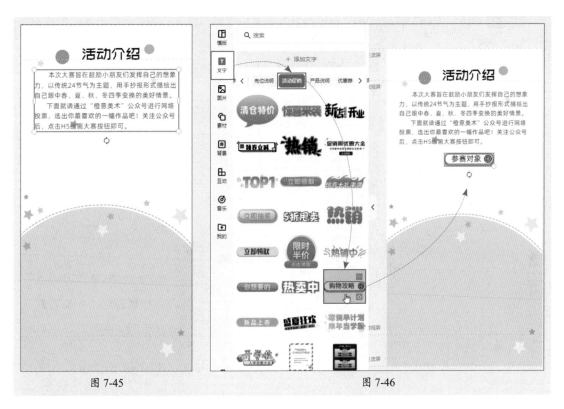

图 7-45

图 7-46

步骤 05 单击"文字"按钮和"添加文字"按钮，输入该小标题的正文内容，如图7-47所示。

步骤 06 复制小标题至正文下方，修改其标题内容，完成其他小标题的创建，如图7-48所示。

步骤 07 按照以上同样的方法，完成该页正文内容的创建，如图7-49所示。

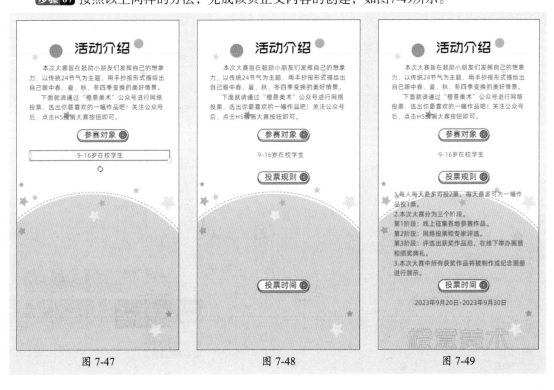

图 7-47

图 7-48

图 7-49

177

步骤 08 单击"互动"按钮，在"营销活动"列表中选择"投票"选项，即可插入投票组件，如图7-50所示。

步骤 09 选择该页面，统一设置页面的背景与页面标题，如图7-51所示。

图 7-50　　　　　　　　　　　　　图 7-51

步骤 10 选中添加的投票组件，在"设计"面板中单击"编辑选项及规则"按钮，如图7-52所示。

步骤 11 在打开的"选项配置"界面单击"上传图片"按钮，在"替换图片"界面中上传参赛作品，如图7-53所示。

图 7-52　　　　　　　　　　　　　图 7-53

步骤 12 单击上传的作品后，即可将其添加至投票组件中。在该组件中输入当前作品的名称即可，如图7-54所示。

图 7-54

步骤 13 按照同样的方法，添加其他参赛作品至组件中，如图7-55所示。

图 7-55

步骤 14 切换到"规则配置"界面，在此可对"投票时间""投票功能""投票设置"等选项进行设置，如图7-56所示。

图 7-56

步骤 15 设置完成后单击"确认保存"按钮，完成投票组件的创建操作，如图7-57所示。

步骤 16 选中投票组件，在"设计"面板中单击"投票样式"按钮，可对投票按钮的颜色进行设置，如图7-58所示。

图 7-57   图 7-58

步骤17 单击该页面右上角的⊞按钮，新建页面，并设置好页面背景和页面标题内容，如图7-59所示。

步骤18 单击"文字"按钮和"添加文字"按钮，创建该页面的正文内容，如图7-60所示。

步骤19 单击"我的"按钮，在"默认分类"列表中单击"上传素材"按钮，上传二维码图片，单击即可将其添加至页面中，如图7-61所示。

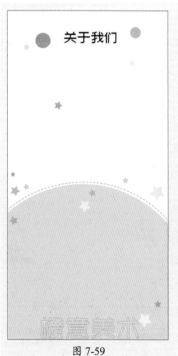

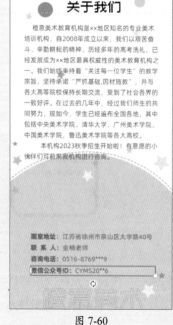

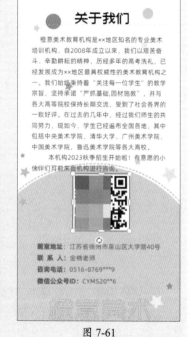

图 7-59   图 7-60   图 7-61

左侧竖排：H5页面设计与制作标准教程（全彩微课版）

7.2.3 分享投票活动

活动分享的方式有很多，可以通过朋友圈分享，也可以通过微信群、QQ群分享，还可以通过微博、公众号进行分享。下面就以微信群为例，讲解如何分享该投票活动。

步骤 01 单击页面右上方的"预览/分享"按钮，进入预览界面。在此可对制作的投票活动进行预览，如图7-62所示。

图 7-62

步骤 02 确认无误后，在右侧"H5分享"面板中输入活动名称，并单击"更换封面"按钮，设置活动的封面，如图7-63所示。

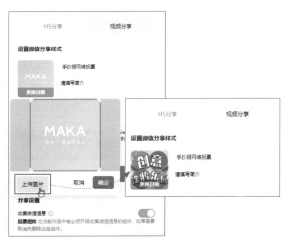

图 7-63

步骤 03 使用手机扫描分享页面中的二维码，并在手机上打开H5页面。单击屏幕上方的•••按钮，在转发列表中选择"转发给朋友"按钮，如图7-64所示。

步骤 04 在微信好友中选择要发送的群名称，如图7-65所示。

步骤 05 单击"发送"按钮后，在微信群里即可显示该投票活动链接，群成员点开链接后即可进行投票操作，如图7-66所示。

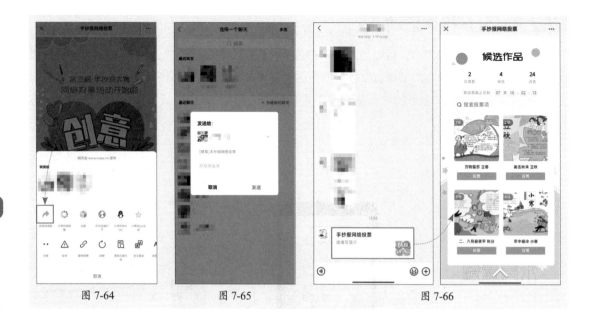

图 7-64   图 7-65   图 7-66

知识点拨

如果需要查看活动分享的数据，可在MAKA平台"我的作品"界面中选择该活动选项，单击"数据"选项，在打开的界面中即可查看实时后台数据，包括"浏览量""访问人数""转发量""平均停留时长"等，如图7-67所示。

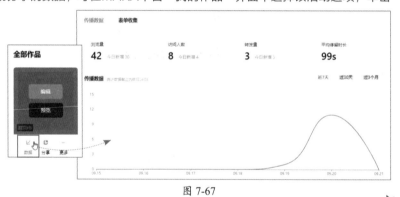

图 7-67

7.3 制作中秋有奖答题活动的H5页面

有奖答题类H5页面属于互动营销模式的一种，利用答题的形式与消费者进行互动交流，从而达到销售的目的。尤其是在一些特殊的时间节点，例如节假日，各大品牌商就纷纷利用这个节点进行活动推广，为自己的产品引流，促成销售。下面将以中秋趣味答题活动为例，介绍答题类H5页面的制作方法。

7.3.1 制作答题背景页

本例将利用人人秀平台中的相关功能进行制作。平台自带的答题页面比较单调，用户可以自行对页面进行设计，以丰富页面效果。

步骤01 进入人人秀工作台，新建一张H5页面。在"页面设置"面板中单击"上传背景图"按钮，将所需的背景图片上传至"图片库"中，单击即可完成页面背景的添加操作，如图7-68所示。

步骤 02 单击"图片"按钮，添加祥云图片至页面中，并调整其大小，如图7-69所示。

步骤 03 单击"文字"按钮，选择"立体"样式，并设置文字的颜色以及字号大小，输入"喜迎中秋"标题字样，放置在页面的合适位置，如图7-70所示。

图 7-68

图 7-69

图 7-70

步骤 04 复制该标题，并修改标题的内容和字号，完成主标题的创建操作，如图7-71所示。

步骤 05 单击"文字"按钮，输入副标题。调整文字大小及样式，并为其添加底色，如图7-72所示。

步骤 06 同样单击"文字"按钮，完成页面其他文字内容的创建操作，如图7-73所示。

图 7-71

图 7-72

图 7-73

7.3.2　制作有奖答题页面

在人人秀平台创建答题活动很简单，只需在"互动"列表中选择相应的组件即可。下面介绍具体的操作。

步骤 01 单击"互动"按钮，在"互动"界面中选择"知识答题"选项，打开"基本设置"界面，在此可以设置"活动主题""活动时间"以及"活动规则"，如图7-74所示。

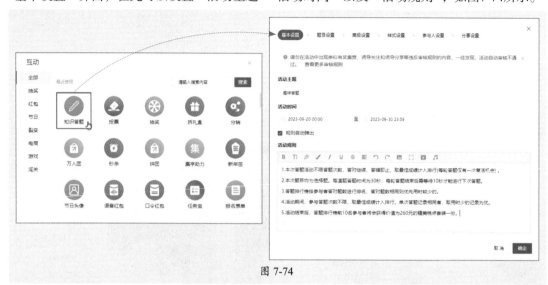

图 7-74

步骤 02 切换到"题目设置"选项界面，在此可以设置题目内容。单击"添加题目"按钮，在"添加题目"界面中设置题目的类型、题目内容、答案内容等，设置之后单击"确定"按钮，如图7-75所示。

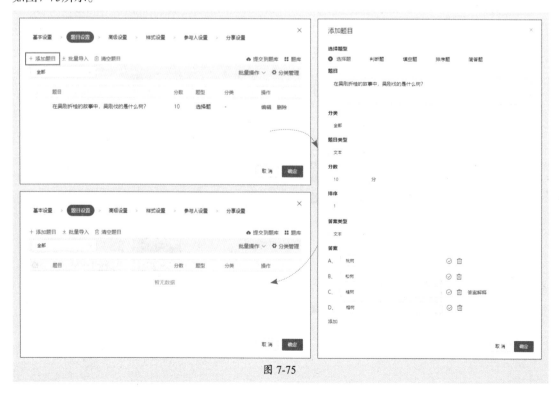

图 7-75

步骤 03 用户还可通过题库自动加载题目至该页面中。单击"题库"按钮，在"题库"界面中选择题目类别。例如选择"趣味竞答"类别，然后选择所需的题库名称，单击☑按钮即可批量添加该题库，如图7-76所示。

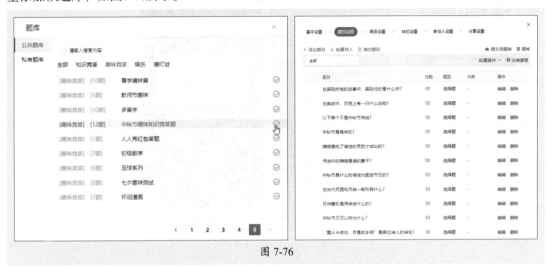

图 7-76

步骤 04 切换到"高级设置"选项界面，在此可对活动设置选项进行调整，如图7-77所示。

步骤 05 切换到"样式设置"选项界面，在此可对活动的配色方案、答题背景、开始答题按钮的样式、题目选项的样式进行设置，如图7-78所示。

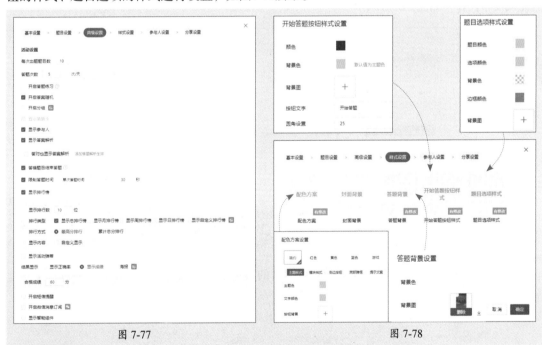

图 7-77　　　　　　　　　　　　　　　　图 7-78

步骤 06 设置完成后单击"确定"按钮，即可完成答题组件的创建操作，调整组件在页面中的位置，如图7-79所示。

步骤 07 单击"预览和设置"按钮，在预览界面中通过手机扫码即可在手机中查看设置的效果，如图7-80所示。

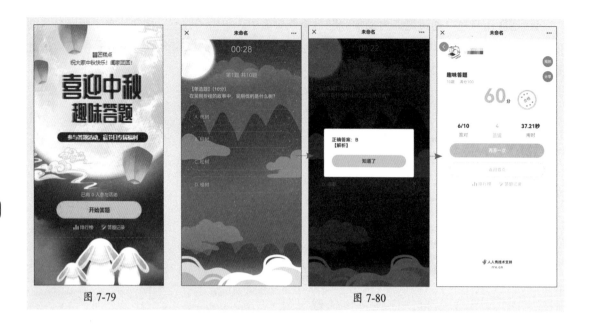

图 7-79　　　　　　　　　　　　　　　　　　图 7-80

7.3.3 发布有奖答题活动

　　手机预览无误后，接下来就可将该活动进行发布了。在"预览和设置"界面单击"发布"按钮，在"发布"界面中设置"分享标题""分享描述"及"分享图片"，单击"确定"按钮即可完成发布操作，如图7-81所示。

图 7-81

　　活动截止后，用户可通过分享界面获取后台的数据信息，在此可联系获奖用户进行奖品发放，如图7-82所示。

图 7-82

1. Q：在众多的 H5 制作平台中，哪个平台比较好用？

A： 各有千秋。相对来说易企秀平台更适合用于会议邀请、人才招聘等商务场合；人人秀平台互动功能比较多，例如抽奖活动、投票活动、秒杀活动、拼团活动等，用户可选的余地比较多，但在设计和制作方面不如易企秀顺手；MAKA平台的互动功能没有人人秀平台丰富，不过模板制作的水平要比易企秀和人人秀平台的要高一些。

2. Q：在人人秀中不可以跨页面复制内容吗？

A： 是的，几乎所有制作平台都不支持该操作。用户可以复制单个页面，或在作品平台中复制单个H5项目。

3. Q：为什么我分享的作品别人看不到？

A： 有两个原因：一是作品流量过大，二是作品中活动出现问题，被举报过多。解决方法是：检查作品中的活动是否有刷票或不公平现象，发现问题并修改后提交审核。审核通过后联系客服，申请升级域名。

4. Q：为什么部分第三方链接嵌入后打不开？怎样才能在微信公众号中发布 H5 作品？

A： 因为微信对发布内容拥有诸多的审核规则，类似于淘宝、天猫网站等大量链接无法实现直接跳转。建议关注微信实时更新的相关限制。如果希望将H5链接插入微信公众号中，可以采取以下措施：

①把链接设置成关键词回复或者自动回复的内容，也可以设置到自定义菜单。

②将H5链接插在图文消息的阅读原文处，用户点击阅读原文即可以直接进入H5页面。

③开通微信支付，可插入超链接，插入H5作品。

5. Q：在人人秀平台添加图片和音乐有哪些限制？

A： ①背景图尺寸为640px×1240px，图片大小保持在30MB内。

②在页面中插入的图片格式只包含PNG和JPG两种，分享图片尺寸为300px×300px。

③插入的音频支持MP3格式，大小在1MB内为宜。

6. Q：在 MAKA 平台中如何插入视频？

A： 目前MAKA平台不支持视频直接播放，但可以通过按钮的链接功能，跳转至视频播放页面进行观看。可以先创建一个按钮素材，然后在"设计"面板中打开"超链接"选项组，在"链接"框中输入视频播放的URL地址即可。

附 录

H5页面营销模式与引流方法

现如今各种互联网营销手段层出不穷，其中受企业或商家青睐的就属H5技术了。利用H5技术，可以在页面上运用文字动效、音频、视频、图片和互动等将企业文化或品牌核心观进行广泛传播，从而达到宣传和推广的作用。在追求H5页面效果的同时，也需要了解一些基本的营销思维及推广方法，从而实现H5设计的价值。

附录A　常见营销思维模式

在移动互联网飞速发展的时代，以电视、广播和纸媒为途径的传统营销模式已无法满足企业的需求。而以微信朋友圈这种口碑传播为主要表现形式的营销已成为新时代的先锋和代表。随之H5的营销模式也就成为了主流。下面对H5的营销方式进行介绍。

1. 流量思维

移动互联网时代流量为王，没有流量，那就是"无源之水，无本之木"。而要拥有流量，首先就要具备流量思维，然后再利用流量为自己创造价值与收益。

流量思维的基本思想就是转发送流量。抓住消费者的痛点，也就抓住了营销的根本。很多时候并不是自身产品的质量足够好就行。没有流量就代表着没有人关注。就像平时网购一样，除了查看商品的品质外，还会看商品的销量和评价。如果销量和评价不错，那么下单的可能性就很高。所以流量不仅可以显示一款产品的受欢迎程度，还可以增强人们的信任感。用户只要转发或邀请，就可以获得一定的流量。流量越大，品牌的曝光率就越高，促成消费的概率就越大。

在H5的流量思维中，最常用的方法是助力模式。先设立一个团队目标，然后引导用户通过邀请好友参与来共同完成该目标，从而获得活动的奖品。这种助力营销会通过微信朋友圈进行大规模的扩散，使得用户之间可以快速分享和关注，让流量源源不断地注入活动系统中，实现品牌传播的最大化，附图1所示是OPPO品牌推出的《Reno Ace宇宙大闯关》游戏类H5作品。该作品让用户参与闯关游戏，通过累计的成绩赢得Reno Ace游戏手机奖品。此外，邀请好友助力可获得复活卡和幸运宝箱钥匙，以此激发用户的兴致，提高该产品的知名度。

附图 1

2. 热点思维

借势思维是指借助于社会上关注的热点或突发性新闻进行传播。移动互联网时代，新闻热点的传播速度已经是以秒计算，任何地方发生的重大新闻，都能在瞬间传递到地球的角角落落。在微信圈的阅读量，往往是以十万甚至百万计。因此，如果在转发率如此高的新闻中植入广告，其传播影响力自是不可估量。将新闻热点融入H5场景中，在借势思维模式下，品牌的宣传力度会有所提升。

当然，除了借势新闻热点外，各大节日也是企业借势的好时机。节日自身就带流量，每个节日都有不同的寓意，根据喻意选择匹配的产品，并将产品卖点节日化，会给企业带来意想不到的效果，附图2所示是中国青年报、百度、嫦娥公司联合推出的《天下共元宵》宣传类H5作品。该作品是以元宵节赏月为主题，借势AI绘画这个热点进行"AI为你画"活动，用户只需输入指定的地点，AI就会生成一幅该地区的月色图。不同的地点，月色图也会不同，以此满足用户的好奇心。

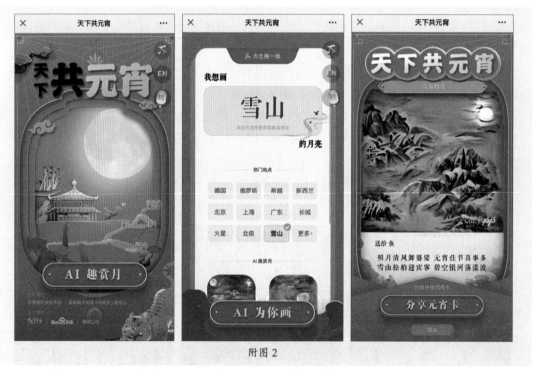

附图2

3. 奖励思维

奖励思维是指在H5中引导用户关注、参与、分享活动，并给予用户一定的奖励。在H5中利用奖励体系是促进用户增长和提升活跃度的常用方式。好的奖励体系能够使用户沿着指定的方向成长，是刺激用户活跃度的有力武器。奖励体系的形式多种多样，其划分方式也有所不同，从奖励手段与用户情感需求出发，可分为精神奖励、物质奖励、社交奖励三种。

①精神奖励。精神奖励是通过非物质类奖励来促进用户增长。例如，平台给予的特殊等级、荣誉、勋章、积分等。这些奖励是用户根据平台规则，通过自己的努力获取而来。精神奖励大多运用在互动游戏类H5中。用户完成游戏挑战后，会根据游戏结果生成不同的战绩海报，并根据成绩给予一定的奖励，让用户愿意付出更多的时间和精力进入下一等级的挑战。

附图3所示是贵州茅台与网易新闻联合推出的《茅台重阳登高计划》游戏类H5作品。该作品让用户在规定的时间内跳跃闯关，闯关成功后可赢得相应的荣誉称号，以此激励用户再次闯关赢得奖品。

附图 3

②物质奖励。物质奖励就是提供实物奖品，一般是通过大转盘、九宫格等抽奖形式进行发放。用户在抽奖前必须满足商家一定的要求，然后再参与抽奖。商家也需设置好多种不同价值的奖品，以此刺激用户参与。这种奖励形式在H5营销活动中最为常用，也是最简单实用的一种奖励方式，附图4所示是网易新闻和碧桂园联合推出的《居住在中国》游戏类H5作品。该作品营销模式很简单，通过让用户参与游戏，赢取大奖，从而增加品牌的曝光概率，为产品引流。

附图 4

③社交奖励。社交奖励是通过用户之间的互动行为搭建的。在这类活动中往往需要用户邀请自己的好友为自己助力，从而达到奖励目的。常见的H5活动形式有助力砍价、投票、集卡等，在社交互动形式上略有不同。例如，支付宝App推出的集五福活动如附图5所示。该活动就是一款很成功的品牌营销案例。

附图 5

集五福活动的目的是让用户通过在线收集五种福字来获得各种奖励。在这个活动中支付宝采用了多种互动方式。用户可以通过完成任务、转运、拍照、集字、分享等方式获得不同的福字。当用户收集到五个不同的福字时，就可以领取相应的奖励。此外，还可以通过集满一定数量的福字来参与抽奖活动，赢取更多的奖品。

为了吸引更多用户参与，支付宝在首页推出了集福专题页面，展示了各种奖品和活动信息。同时，支付宝还联合多家知名品牌，推出了多项福字任务和福利活动，让用户可以在支付宝内完成各种任务获取福字，同时获得各种优惠和奖励。通过互动、分享和抽奖等多种方式，吸引了大量用户参与，同时也提升了用户对支付宝品牌的认知度和用户黏性。

4. 众筹思维

众筹是指将项目所需资金的大部分外包给大众，通过媒体等方式向大众分享项目，引起大众对该项目的兴趣和关注，从而吸引支持者的投资资金。与传统的融资方式相比，众筹更加开放和灵活。通过众筹，企业能够在互联网上进行形象展示和营销活动，它可以筹人、筹智、筹朋友圈、筹渠道、筹资源等。不仅传播方式快，扩散范围也广，还能够产生较大的经济效益，附图6所示是三体推出《身临三体，寻求答案》插画集众筹推广H5项目。该项目的众筹目标金额为10万元，但上线仅1天，就众筹了近100万元。就H5设计来说，页面设计比较轻量化，整体用时不到2分钟。因为没有交互，所以观看时也不会有太大的压力。其实，用户每天要浏览的信息量很大，那些短平快的内容，其实比大制作的内容更受欢迎。尤其是朋友圈里的H5作品。

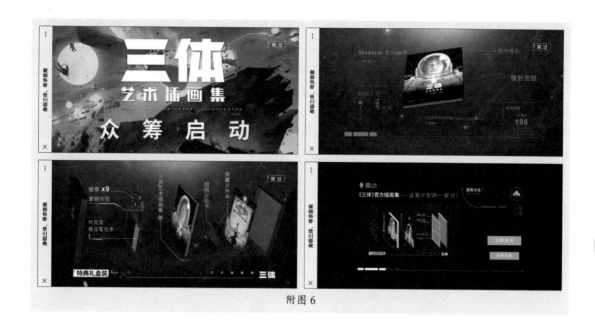

附图 6

附录B 常见引流方式

企业或商家开发H5页面的主要目的是给门店进行引流，提高用户的购物欲望，以促成实质性的消费。下面介绍几种常见的引流方式。

1. 线下线上互动

在H5内容中可用电子优惠券的方式刺激用户在线下门店现场消费，或者促成二次消费。企业或商家必须在H5页面中公布具体活动内容，然后打印活动二维码，张贴在门店的醒目位置。当用户进店消费时，店员可引导用户扫码参与H5活动，并获取电子优惠券，以达成本次消费。

以人人秀为例，在"人人秀编辑器"界面中选择"互动"选项，并在"从模板创建活动"界面中选择"电商"|"优惠券"选项，这里可以新建空白优惠券，也可以使用系统自带的优惠券模板创建，如附图7所示。

附图 7

在打开的"基本设置"界面中可以设置活动的时间和活动规则。在"奖品设置"界面中可以通过单击"添加奖品"按钮来加载优惠券，如附图8所示。在"高级设置"界面中可以对优惠券的领取次数以及优惠券的排列方式进行设置，如附图9所示。在"样式设置"界面中可以对优惠券的样式进行设置，如附图10所示。其他设置保持默认即可，单击"确定"按钮完成优惠券的设置。

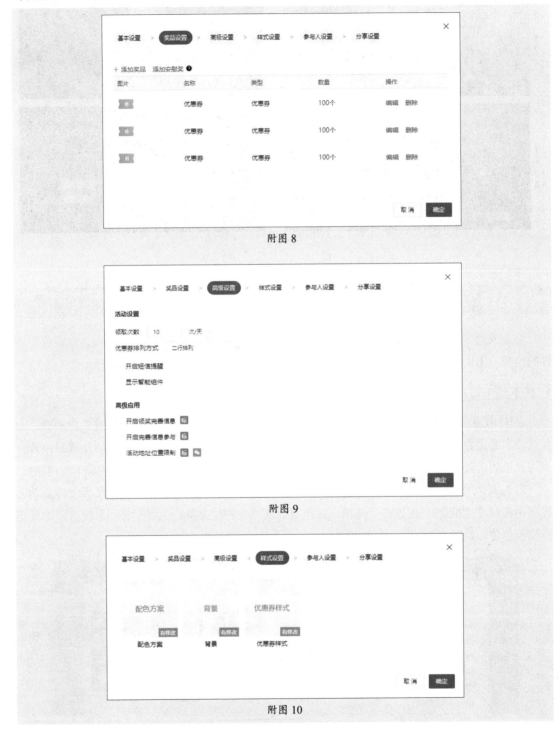

附图 8

附图 9

附图 10

用户扫码参与活动后，店员还可进入后台查看活动数据，从而了解用户的详细情况。

2. 投票活动

投票活动的H5页面不仅具有很强的互动性，而且还可以获得大量的用户参与，让用户更好地了解品牌。在投票活动中，可通过奖励、互动、社交等方式调动用户参与的积极性，还可以通过多个渠道进行推广，扩大品牌的曝光和知名度。

　　附图11所示是腾讯公益推出的《24支"创变者"队伍已集结》投票类H5作品。该作品让参与者从三个赛道中选出自己感兴趣的课题进行投票，同时也可生成海报，将该公益活动大范围地传播出去，以引发对儿童保护、社会素养提高以及动植物保护的思考和共情。

附图11

3. 抽奖活动

众多营销活动中，抽奖以其独特的趣味性获得了众多用户的喜爱，它的魔力在于高诱惑奖励和低门槛参与。当然，抽奖类型也分很多种，企业或商家可根据自身需求选择使用。

①引流抽奖。利用抽奖活动可以将流量高效引流到企业公众号、企业微信号、社群。企业可利用H5或其他渠道传播抽奖活动，用户完成抽奖后，通过扫码加企业微信兑换奖品的方式吸引用户添加好友。企业也可以用"新好友专属福利"的方式吸引用户加群参与活动。扫码进群后发送H5抽奖链接，用户点击即可参与。

②活跃抽奖。抽奖活动可作为一项定期的营销项目。为了保持日常社群的活跃，将定期设定社群抽奖活动，以此激发社群用户的参与热情，提升黏性和活跃度，并通过满减优惠券等奖品促进用户复购。

③裂变拉新抽奖。抽奖裂变活动可起到以老带新的"病毒"式用户增长效果。在活跃老用户的同时，又能够拉新裂变。老用户邀请新用户加入社群，新老用户可获得一次抽奖机会。此外，新用户又可通过邀请其他好友的方式获得更多的抽奖机会，以此给企业带来源源不断的流量。

④消费抽奖。消费抽奖可用来提升用户的复购率，也能够快速促活新成交、刚进群的用户。圈量推出订单号抽奖功能，用户下单后，可凭订单号进入指定社群进行抽奖。

⑤会员抽奖。会员抽奖是会员营销的重要手段，圈量推出会员抽奖功能，吸引更多用户注册企业会员，参与会员活动抽奖，帮助品牌沉淀用户资产，提升价值用户的黏性。

4. 砍价活动

拼多多企业凭借"砍价免费拿"活动成为了国内电商领域当之无愧的巨无霸企业。此后，砍价也就成为了H5页面进行活动营销的一种重要手段。

砍价活动之所以受到商家的青睐，是因为具有以下三个特质。

①裂变传播。当用户通过分享的方式可以免费得到所需产品时，他就会自愿地去分享给自己的亲朋好友。通过这位用户的分享，他的好友就能够参与砍价活动。假设设置需要10人能够砍价成功，那么二次分享参与的用户就会达到100位，而三次分享的用户就会达到1000位。这就让商家在极短的时间内迅速得到了巨大的流量。

②用户经营。随着分享范围的不断扩大，商家的产品知名度和影响力会迅速增加。依此可迅速有效地建立起用户口碑，增加用户黏性，引导用户关注商家公众号，为二次营销做准备。

③信息采集。商家可以通过砍价活动收集到用户的相关信息，并以此做出具有针对性的营销方案，提升用户的复购率，变相降低获客成本。

砍价活动的应用范围很广，无论是高价大宗产品，还是低价零售产品，都可通过砍价来达成自己的销售目的。低价产品通过砍价降低零售价格，从而使用户产生成就感和满足感。在提升客户黏性的同时，还增加了产品的销量。看似单件利润减少，但事实上总体利润却大大提高。而高价大宗商品通过砍价活动能迅速为产品积累用户和口碑，并将用户的思维由"付费买产品"转变为"付费防止错过优惠"，大大激发用户的购买欲，对提升销量有着极大的帮助。

5. H5 小游戏

H5小游戏具有趣味性强、互动性强、传播快的特点，再加上微信庞大的用户所带来的巨大流量，使其在品牌宣传和引流方面越来越受到商家的喜爱。当然，小游戏分很多种，选择合适的游戏类型十分关键。用户最先接触的是游戏，所以游戏是否有趣、场景是否具有观赏性，是吸引用户体验的先决条件。

①抽奖类游戏。像幸运大转盘、刮刮乐、摇一摇等抽奖类的小游戏虽然形式简单，但能激发用户的挑战欲望，很容易使人上瘾，每开启一次游戏，对品牌的印象就加深一次，从而达到品牌宣传的目的，如附图12所示。对于新店开张，或急需提升粉丝量的商家可用这类游戏快速聚集人气，增加曝光率。

②反应类游戏。像拼手速、考眼力、接物品、跳跃等考验反应类的小游戏，虽然通过难度增加了一点，但更容易激发用户的胜负欲，如附图13所示。在游戏规则上设定好参与的次数，通过邀请好友可增加次数的条件，达到引流的目的。这类游戏比较适用于店铺促销、主题活动的开展等场景。如果再加上价值不菲的大奖，就更有吸引力了。

③答题测试类游戏。答题测试类游戏通过各种交互形式的问答题与用户互动，从而找出用户的需求。这类游戏适合用来吸引精准用户，但趣味性没有其他游戏强，所以在奖品设置上最好选择价值高一些的来增加吸引力。此外，商家在设定题目时，尽可能融入流量话题，以帮助商家追踪热点，如附图14所示。这类游戏比较适用于精准粉丝的筛选，或意向度较高的用户场景。

④好友助力类游戏。这类小游戏的重点在于"邀好友"，以及"再次分享"。通过邀请好友给自己助力，从而获取积分，攒够指定积分就能得到奖品或者抽奖机会，如附图15所示。该游戏适合用于有一定用户或者粉丝基础，想涨粉或引流的场景，因为高意向用户或者粉丝的朋友圈，大概率也是有相同需求的潜在用户。

附图 12

附图 13

附图 14

附图 15

　　H5营销活动设计好之后，如果没有好的渠道对其进行推广，其损失可想而知。H5推广渠道有很多，包括微信、App、新媒体平台、二维码以及线下活动等。下面分别对这些推广渠道进行介绍。

1. 微信推广

　　微信作为社交媒体平台，拥有庞大的用户数量，同时也具备强大的社交传播能力。商家可以借助微信朋友圈、公众号、群聊、微信好友等功能，对H5活动进行有效的宣传。

　　①微信朋友圈。微信朋友圈作为社交媒体中的一种形式，已经成为了人们生活中不可或缺的一部分。除了用来分享生活点滴外，还可以成为一种推广自己或产品的平台，附图16所示是分享朋友圈的方法。

附图 16

　　要想让用户转发朋友圈，就需要用一些手段来激发用户进行分享传播。例如，利用朋友圈集赞送礼的手段，让老用户带来新用户进行裂变传播。集赞对于朋友圈的影响主要体现在增加曝光时间。因为集赞需要时间，要求集的赞越多，曝光的时间就越长。一般要求集赞的内容都会带二维码，只要有文案配合，在集赞的时间内就能实现精准引流。

　　②微信群。微信群营销与朋友圈相同，是时下较为热门的营销方式之一。当H5营销活动发布后，可将其生成一张活动海报，并发送至相关微信群中进行传播，如附图17所示。

　　想要微信群推广效果好，是需要一些推广诀窍的。

- 定位微信群，精准推送。定位微信群是每一次推广的重要准备工作，根据产品的定位找到符合的微信群，这样才能精准推送，提高推广效果。
- 制造话题舆论，提高活跃度。在微信群中制造相关话题舆论，让群成员有兴趣或有动力去参与讨论。例如，在群里提供优惠及奖励政策，提高群的活跃程度，从而更容易实现推广目标。

- 加强群互动，提升群氛围。群内互动是推广的重要部分，只有营造出良好的群氛围，才能让用户建立起良好的心理距离。这样才能促成实质性的消费，达到推广效果。因此，营销人员应该在群内多多开展群社交互动，让用户能够更好地参与群内活动。
- 实时监控，提升推广质量。实时监控是推广的重要环节，营销人员应该实时监控推广活动的效果。发现问题后应及时解决问题，这样才能提升推广的质量。另外，通过分析用户行为，可以更好地把握用户需求，提升活动的有效性。

附图 17

2. App 推广

App即移动端应用程序，将H5营销与App相结合，也是一种常见的推广方式。目前各种App很多，用户群体也十分庞大，特别是一些热门的App，其使用率非常高，例如支付宝、美团、淘宝、高德地图等。通过App可以实现品牌联合传播的效果，不仅可以很好地传播H5活动，而且还能强强联合，实现共赢的目的，附图18所示为饿了么App与同道大叔IP联合推出的一款领券优惠活动的H5作品。

附图 18

3. 新媒体平台推广

新媒体平台也是H5活动推广的重要手段之一。对于营销活动来说，吸引用户流量才是营销的生存之本。在进行H5活动营销时，可借助各类新媒体营销平台进行传播。例如今日头条、小红书、微信公众号、知乎等，如附图19所示。这些平台都可以作为活动的传播渠道，以提高活动的曝光率，吸引更多的潜在用户。

附图 19

4. 二维码推广

二维码是一种在水平和垂直方向上都可以存储信息的条码格式，能存储汉字、数字和图片等信息。在移动互联网时代，二维码是连接线上、线下的关键入口，也是宣传推广的有力武器。借助二维码，企业或商家可以完成线上、线下互动营销，引导用户快速获取信息，提升品牌关注度并带动产品销量。

二维码的推广方式也很多，比较常用的有以下几种。

①线下宣传。线下宣传是一种很有效的推广方式。例如，在商店、餐厅、展厅等场所，可以将二维码印在海报或广告牌上，吸引用户扫码关注或领取优惠券。此外，还可以将二维码印在名片、商品包装或车身上等，让更多的人看到。

②在社交媒体中推广。社交媒体平台是推广二维码的最佳途径之一。例如，微信、微博、抖音等平台可以通过发布文章或视频来宣传二维码。通过扫描二维码可了解产品或服务信息，同时也可通过社交媒体分享二维码，将信息传播给更多的人，提高曝光率。

③电子邮件推广。电子邮件是一种非常有效的推广方式，通过发送邮件来宣传二维码。例如，可以在邮件中加入二维码图片或链接，让用户扫码关注或领取优惠券。